致力于中国人的心灵成长与文化重建

立品图书·自觉·觉他
www.tobebooks.net
出 品

新世界

灵性的觉醒

A New Earth

艾克哈特·托尔 著　张德芬 译

南方出版社

图书在版编目（CIP）数据

新世界：灵性的觉醒/（德）艾克哈特·托尔著；张德芬译.—海口：南方出版社，2008.6
ISBN 978-7-80760-194-4
Ⅰ.新… Ⅱ.①艾…②张… Ⅲ.人生哲学 Ⅳ.B821
中国版本图书馆CIP数据核字（2008）第068887号
著作权合同登记号：图字30-2008-058号

A New Earth by Eckhart Tolle
Original English language edition published by Dutton, division of Penguin USA
Copyright © 2006 by Eckhart Tolle
Simplified Chinese-language edition copyright © 2008 by Lipin Publishing Company
All rights reserved
This is a Namaste Publishing book

责任编辑：文　静
装帧设计：北京大诚弘毅艺术设计有限公司

书　　名：新世界——灵性的觉醒
出版发行：南方出版社
地　　址：海南省海口市和平大道70号
邮　　编：570208
电　　话：(0898) 66160822
传　　真：(0898) 66160830
经　　销：新华书店
印　　刷：三河市华晨印务有限公司
开　　本：787×1092　1/16
印　　张：18.25
字　　数：170千字
版　　次：2012年2月第2版　2012年2月第1次印刷
定　　价：28.00元

目录

推荐序 胡因梦 1

导　读 1

第一章　人类意识的绽放（flowering） 1

缘起（evocation） 1

本书的目的 5

我们世袭的功能失调（dysfunction） 7

扬升的新意识 11

灵性和宗教 15

转化的急迫性 17

一个新天新地 19

第二章　　小我：人类的现状 21

　　虚幻的自我 23

　　脑袋中的声音 26

　　小我的内容和结构 29

　　与事物的认同 30

　　遗失的戒指 33

　　所有权的错觉 36

　　与身体的认同 42

　　感觉内在身体 44

　　对本体的遗忘 46

　　从笛卡儿的谬误到沙特的洞见 46

　　超越所有理解的平安 48

第三章　　小我的核心 51

　　抱怨与怨恨（resentment） 53

　　情绪反应（reactivity）和怨气（grievances） 56

　　我是对的，别人是错的 58

　　与幻相抗衡 58

　　真理：相对或是绝对的 60

　　小我是无关乎个人的（personal） 63

　　战争是一种心态 65

　　你要平安还是戏剧事件 67

　　超越小我：你的真实身份 68

所有的结构都是不稳定的 69

小我对优越感的需求 71

小我和名声 72

第四章　角色扮演——小我的多重面貌 75

恶棍、受害者、爱人 76

放下自我的定义 78

既定的角色 80

临时扮演的角色 82

手掌流汗的和尚 83

角色中的快乐和真正的快乐 83

为人父母：角色还是功能 85

有意识的受苦 89

有意识地为人父母 90

认出（recognize）你孩子的本体 92

放弃角色扮演 94

病态的小我 97

像背景般的不快乐 99

快乐的秘密 101

小我的病态形式 104

工作——小我存在与否 107

病中的小我 109

集体小我 110

永生的铁证 112

第五章　痛苦之身（pain body） 115

情绪的诞生 117

情绪和小我 119

有人类心智的鸭子 122

怀抱过去 123

个人和集体 125

痛苦之身如何更新自己 128

痛苦之身如何以你的思想为食 129

痛苦之身如何以戏剧化事件为食 131

沉重的痛苦之身 133

娱乐、传媒和痛苦之身 135

女性集体的痛苦之身 136

国家和种族的痛苦之身 139

第六章　破茧而出，重获自由 141

临在 143

痛苦之身的反扑 146

孩子的痛苦之身 147

不快乐 150

破除对痛苦之身的认同 152

导火线 154

痛苦之身——觉醒之道 157

从痛苦之身破茧而出 159

第七章　找出你的本来面目 161

　　你认为自己是谁 162

　　丰盛 165

　　认识自己与认识关于自己的事情
　　（knowing yourself and knowing about yourself） 167

　　混乱和较高次序（higher order） 169

　　好与坏 170

　　不在意所发生的事情 172

　　是这样的吗（Is that so） 173

　　小我和当下时刻 175

　　时间的矛盾 178

　　排除时间 179

　　梦者和梦 182

　　超越限制 183

　　本体的喜悦 185

　　容许小我的缩减 186

　　如外似内（as without，so within） 189

第八章　发现内在空间 193

　　物体（object）意识和空间（space）意识 197

　　落于思想之下或扬升其上 198

　　电视 199

　　辨识出内在空间 201

你能听到山涧之声吗 204

正确的行动 206

认知（perceiving）但不评断（naming）................... 207

谁是经验者 209

呼吸 211

上瘾症（addictions）................... 213

内在身体的觉知 214

内在和外在空间 216

注意那个间隙 219

失去自己以找到自己 220

静默 221

第九章 你的内在目的 223

觉醒 224

一段关于"内在目的"的对话 227

第十章 新世界 243

你生命的简史 245

觉醒与回归过程 247

觉醒和外显过程 250

意识 252

觉醒的作为 254

觉醒作为的三种形式 256

接纳 257

享受 258

本体的喜悦就是有觉知的喜悦 260

热诚 261

频率的持有者（the frequency-holders） 265

新世界不是乌托邦 266

译者的话 269

推荐序

胡因梦

艾克哈特·托尔在《当下的力量》这本书里曾经提到过一段生命经验，他说自己在三十岁之前一直处在持续性的焦虑状态，由潜意识深处升起的对空寂和"不存在"的渴望，强烈地淹没了想要活下去的求生本能。某日凌晨时分，他在极致的恐惧中惊醒过来，心中不断地涌出一个念头："我活不下去了，我再也受不了自己了。"

就在这濒临崩溃的时刻，他突然觉察脑子里的念头很值得再探究一下，于是质问自己说："如果我受不了自己，那么必然存在着两个我，'我'和我受不了的那个'自己'？而且他们之中应该只有一个是真的。"当这段自我对话结束时，他的心突然空了，变得万念俱寂，自我怎么也起不了作用了，接着便卷进一股旋涡式的能流中。

这股能量的旋转速度变得越来越快，令他整个身体开始震动不已，然后他听到胸腔内传来一个声音，嘱咐他"不要抗拒"，接着就被吸进一个虚空里，但这虚空感觉上并不在外面，而是在身心的内部。当他从这种传统所谓的"深定"状态中出来时，闭着的双眼却看见一颗宝石的影像（印度瑜珈系统称之为"蓝珍珠"，代表内在的自性或神圣的原型）。当他把眼睛睁开时，房间里的一切变得出奇明亮，就像镀上了光似的，充满着生机。接下来的五个月里，他持续地处在深定和至福中，但几年之后他才借由灵修经典和某些精神导师，得知自己已经有了见性开悟的体证。

这种悟境令托尔不再执著于物质次元，他放下了所有关系，没有任何工作，也没有任何身份，就在加拿大某座公园的长凳上度过了两年的岁月。在一部近期发行的灵修纪录片里，托尔向采访者描述那段完全安住于"当下"的日子：他每天无所事事地坐在长凳上，看着来来往往的行人、天空的飞鸟和远方的渡轮，心中充盈着最强烈的至乐感。

但即使是世间最美好的经验，也仍然是无常易变的；他的至乐感逐渐地转化成持续性的祥和与宁静。那种感觉连旁人都能接收到，于是经常有人前来求教于他，希望也能达成同样的心境。就这么自自然然地，托尔变成了欧美近十年来最重要的精神导师之一。

虽然托尔的教诲和其他传递终极真理的系统并无二致，但是他的文字和语言的确能启动我们细胞记忆里深埋的"本慧"，帮助我们从历史、宗教、科学、生态及身心灵等各个层面，去契入内在最深的实相。也只有成就这样的体悟，人类才可能创造出一个有别于现状的"新世界"。

导读

本书的作者就是《当下的力量》(The Power of Now)的作者。严格来说，他只写过这两本书。第一本书《当下的力量》曾经蝉联《纽约时报》排行榜多时，在美国心灵成长界掀起一阵旋风。之后，他又出了《当下的力量操练手册》(Practicing The Power of Now)以及《无声胜有声》(Stillness Speaks)，但是这两本小书，内容多为《当下的力量》的节录或浓缩，并无太多新意。

他的第二本大作《新世界：灵性的觉醒》在2005年出版时，成绩也不俗，但是所受到的关注并不大，两年多来只卖了一百万本左右。但是去年底（2007年），美国著名的非洲裔女主持人奥普拉（Oprah）无意间读到这本书，惊为天书，发心要大力推广，与大家分享。她说这本书是她二十年来，读到的各种心灵书籍当中，最棒的一本，可以帮助提升人类的意识层次，而她在读后第一次有了"觉醒"的感受。一时之间，洛阳纸贵，本书立刻被抢购一空，而且高居亚马逊总排行榜冠军多时，据说销量已达七百万册（截至2008年四月底）。

不仅如此，奥普拉还破天荒地与作者在自己的网站进行了为期十周的网上教学，从三月初开始，每周一晚上（美国芝加哥时间），通过互联网接受网友们提出的问题，盛况空前，据说每周全世界有上百万人上网观看。这些教学内容现在还是可以在奥普拉的网站上下载

（www.oprah.com）。

很有幸，我刚好在2008年初完成了此书的译稿，正好赶上这一波热潮。这也说明了，我们华语世界的读者们，已经准备好要接收"提升意识层次，觉醒到自己生命目的"的讯息了。作者最近的一篇文章提到了为何写第二本书——因为有人问道，他的第一本书基本上已经涵盖了他所有要表达的观点了，第二本要写什么呢？

作者的回答大致如此：《当下的力量》出版后七八年来，作者在全世界授课、演讲，累积了很多宝贵的教学经验，所以在《新世界：灵性的觉醒》中，他列举了许多作者个人的经历、故事和其他的轶闻、禅宗公案等，来阐释一些比较深奥的真理。《当下的力量》是用问答的方式，在叙述方式上较为生硬；而《新世界：灵性的觉醒》则是用叙事体，娓娓道来，流畅而平顺。

当然，《新世界：灵性的觉醒》与《当下的力量》内容最大的不同，就在于作者开宗明义，强调了人类意识进化的迫切性，以及灵性觉醒会为这个地球带来什么样的变化（第一章）。接着，作者花了很大的篇幅，描述人类现在面临的最大危机——小我心智的功能失调。他首先分析了小我的成因（第二章），是来自于对虚幻自我以及外在形相世界的认同，再加上小我"总是需要更多"的本质，形成了人类痛苦的根源。我在第一本身心灵小说《遇见未知的自己》（华夏出版社）中，也以图示的方式指出了因为远离真我，我们向外索取身份认同，小我由此而生，与作者的理论相呼应。

而在"小我的核心"(第三章)这一章中,作者指出,很多人如此认同于他们脑袋里的声音,和伴随那个不间断思想而来的情绪,所以他们被小我的心智完全掌控着。作者继而把小我的各种诡计和习性,都分析得无所遁形,让大家认清小我的真面貌。而对小我的有所觉察,就是我们从小我中解放出来的第一步!

在第四章"小我的多重面貌"中,作者更加清晰地描绘了小我表现的各种方式,和它扮演的各种角色。其中,他谈到了为人父母有时会有的一些错误心态,真如当头棒喝般地精彩!而作者更指出,快乐的秘密,就是与生命合一,与当下合一,在当下每一刻为自己的内在状态负责!而要做到这一点,只不过是一种选择,但是这个选择却是我们要一而再、再而三不断练习、实践的,直到它变成我们的一种生活习惯为止。

第五章作者仔细分析了情绪和小我的关系,进而介绍了痛苦之身的形成,以及它赖以维生的各种"食物"——你的负面思想,人际关系冲突,对生活事件的反应所起的负面情绪。我就看到身边很多人,时时刻刻都准备好,等待下一个让他们担忧、悲伤、痛苦的事件发生。一旦那个事件发生了,他们立刻投入那种情绪当中,完全地与之认同,无法自拔,然后还要指责其他的人、事、物说:"都是他们害的!"

痛苦之身人人有之,只是轻重不同。和小我一样,当痛苦之身发作的时候,最重要的就是要有所觉察,借由意识之光,化解黑暗的无意识。因此第六章中,作者经由几个自己亲身经历的小故事,来描绘痛苦之身如何控制人类，而我们又如何能够借助于临在之光，从痛苦之身中破茧而出。作者再三保证：那份对痛苦之身的知晓，就足以开始转化的过程。接下来要做的，就是接纳——允许自己在痛苦之身爆发的时刻完全地去经历当下的感觉。

有了对小我和痛苦之身的彻底理解，我们已经知道自己"不是谁"了，于是作者鼓励我们，借由观察自己和当下的关系，以及从对所发生之事的反应当中，看到我们究竟是谁（第七章）。当然，一开始观察的时候，我们都能看到，外在的一些小事很容易就让我们失去内在的平安和谐，而这也正是我们对自己的看法：很渺小。

如果想要体察我们真正的本质，就必须先发掘我们的内在空间（第八章）。作者鼓励我们，以觉察呼吸和感知内在身体的方式，去体会那个在静默中才能体悟到的真相：我们是那个不受制约、无形无相、永恒的意识。看到我们是那个经验者、知晓者，而不是我们的思想和情绪。

在第九章"你的内在目的"中，作者提到了很多人现在会有的疑问：人生的目的是什么？既然我了解到自己的灵性，那么，如何在外在世界的目标和内在世界的最终目的之间找到平衡呢？他指出，我们的内在目的就是觉醒，并且让未显化的那个向度的意识，经由我们而流入这个显化的物质世界。而外在目的总是会随着时间而改变，因此它始终是第二位的。我们所要做的，就是把临在的品质带入外在的工作上，这样，就能让内在目的与外在目的合一了。

最后，作者提出了宇宙的一个恒常现象：外显（outgoing）和回归（returning），这是一收一放的有规律的运动规则，我们的生活当中也脱离不了它。我们应该要做的，就是在自己的外显和回归的过程中，能够保持觉醒的作为，也就是将外在目的——作为和内在目的——觉醒和保持觉醒，协调一致。这样，人类进化的下一步——全人类的觉醒，就很快会发生，因而在我们现有的基础上，将出现一个新世界。在这个新世界中，人类不再认同于思想，完全可以摆脱小我的心智，因而获得了真正的内在自由和神智的清明。但是，作者强调，我们无法在未来得到解脱，因为可以解脱我们的只有当下时刻。那份领悟就是觉醒。所以觉醒不是一个未来事件，它就是对当下临在的领悟。

这些观点，看起来很抽象而深奥，但是书中都有很实际的修炼方法，希望大家能够慢慢一章一章地研读，并且能身体力行。如果有疑问或是愿意和大家分享自己读后的心得，可以上我的博客讨论（个人博客：http://v35.blog.sina.com.cn/tiffanychang）。最后祝福大家在阅读本书的过程中，都能有当下的领悟。

德芬～在爱与光中

2008年初春于北京

第一章
人类意识的绽放（flowering）

缘起（evocation）

地球，一亿一千四百万年前，一个旭日初升的清晨：

在这个星球上有史以来的第一朵花，正绽放开来迎向阳光。这是宣告植物生命进化转变的关键事件，虽然在此之前，植物早已经覆盖这个星球好几百万年了。当时的条件可能并不适合花儿遍地绽放，因此，这第一朵花也许很快就凋谢了，而花朵的绽放在当时也必定是相当罕见的。然而，有一天，当一个关键性的临界点到达时，突然之间，整个星球到处弥漫着各式各样的色彩和芳香——如果有一个观照的意识在此观察，就会目睹这一切的发生。

多年以后，这些优雅而芬芳，我们称之为"花朵"的存在，在另外一个物种的意识进化当中扮演了关键性的角色：人类逐渐地被花朵吸引并为之着迷。随着人类意识的进化发展，花朵极有可能是人类所珍视的事物当中，第一个没有实用价值而且与生存无关的。花朵也为无数的艺术家、诗人、神秘学家带来了灵感。耶稣教导我们：从对花朵的省思中，向它们学习如何生活。据说佛陀曾经在一次默示中，拈花不语，只是凝视着它。半晌，一位名叫大迦叶的僧人，若有所悟地开始微笑。据说他是唯一领悟了这个开示的人。根据传说，那个微笑（也就是说，那个领悟）被二十八位大师相继传承下来，后来就成为了禅宗的起源。

看出花朵的美丽，能够唤醒人类（无论多么短暂）去正视他们自己最深处的本体（being）——也就是他们的本质——之中的美丽。首度体会到"美"，是人类意识进化过程当中最重要的事件之一。因为喜悦和爱的感觉是与那个体会息息相关的。如果没有这样全然的领悟，花朵就不会成为我们内在深处那至高至圣、无形无相的一种有形的表达。和孕育它们的植物相比，花朵是瞬间即逝、脱俗空灵（ethereal）、更为娇贵的。它们仿佛是从另外一个领域来的信使，是有形世界和无形世界之间的桥梁。它们不但具有令人愉悦而且优雅的香味，同时也带来了来自心灵世界的芬芳。如果我们用比较广泛的定义来使用"开悟"这个字，而不是从传统定义上来说的话，我们可以把花朵视为"开悟"的植物。

任何领域的生命形式——举凡矿物、植物、动物或是人类,都可以说在经历"开悟"的过程。然而开悟是极为稀有的,因为它不仅仅是进化上的一个突破——它同时意味着发展中的一个断层,从不同层次的本体跳跃到另一个。而更重要的一点是:物质性的减少。

有什么东西会比石头(最密实的一种物质形式)更为沉重而且不容易穿透的呢?然而有些岩石的分子结构经历了一些转变,变成了透光的水晶。有些碳元素,经过无法想象的高温和高压,转化为钻石,而有些重矿物则转变成为宝石。

大部分在地上爬行的爬行类(最固着于土地的生物),几百万年来都毫无改变。然而它们之中,有些后来却长出了羽毛和翅膀,变成了鸟类,抗拒了长久以来拖住它们的地心引力。它们从爬行类进化为鸟类的过程中,并不是变得更善于爬行或是步行,而是完全超越了这些行为。

自远古以来,花朵、水晶、宝石和鸟类就一直对人类心灵有着重要的意义。就像所有的生命形式一样,它们当然也是万物之中的那个至一生命(one life)、至一意识(one consiousness)的短暂显化(manifestation)。它们对人类之所以会有如此特殊的重要意义,以及人类之所以会对它们如此着迷并感觉亲切,就是因为它们脱俗空灵的特质。

人类的认知(perception)当中,一旦有了一定程度的临在(presence)、定静和警觉,他们就能够感受到神圣生命的本质,这本质就是在每个创造物和每个生命形式当中永存的意识或灵性,同时人们也能够认识到,它和人类自身的本质是合一的,所以能够爱它如己。然而,除非上述这种情形能够发生,否则大部分的人类只能看到这些生命的外在形相,而无法觉察到它们内在的本质,就像人类只会认同于他们自己肉体和心理上的形相,而无法觉察到自己的本质一样。

然而,当面对花朵、水晶、宝石或是鸟类时,即使一个没有临在,或是临在很少的人,都可能偶尔感受到:在这些物质存在的形相之外,有更多难以言喻的东西。而这些人可能完全不知道,这就是他们会被这些东西吸引并且感觉如此亲切的原因。

由于花朵空灵的本质,相较于其他的生命形式,它的外相比较不会遮掩其永存的灵性。但是还有一个例外,那就是——所有新生的生命形式——婴儿、小狗、小猫、小羊等,它们是如此脆弱、娇柔,在物质世界中尚未完全成形。天真、娇柔和美丽——这些不属于这个尘世的特质,还是能够从它们的内在闪耀出来。它们甚至会让那些感觉比较迟钝的人都忍不住开心起来。

所以,当你全神贯注,并且对着一朵花、一颗水晶或一只小鸟沉思冥想,但在心智(mind)上不去定义它们的时候,它们就会成为你进入无形世界的一扇窗户。你的内在会有个开启(即使很小),让你因而进入心灵的领域。这就是为什么自古以来,这三种"开悟"的生命形式,在人类的意识进化上扮演了非常重要的角色。比方说,莲花之宝是佛教的一个重要象征,而白鸽,在基督教中代表着圣灵。它们一直在为人类注定要发生的一个更深远的地球意识转化奠定基础，而这正是我们现在开始目睹到的心灵觉醒的现象。

本书的目的

人类已经为意识转化做好准备了吗？这个内在意识的绽放将会如此的彻底深远，相较之下，植物的开花绽放，无论是多么美丽，都将相形逊色。人类真的能够减低他们受到制约的心智的结构密度，变得像水晶或宝石般透明，让意识之光穿透吗？他们是否能够抗拒唯物主义和物质性如万有引力般的吸引，而超越对外在形相的认同？这种对外在形相的认同让人类的小我（ego）得以存活，并且将他们囚禁在自己性格的牢笼中。

这种转化的可能性，一直是人类所有伟大的智慧教导所传达的中心思想。那些使者——佛陀、耶稣以及其他不知名的大师，就是人类最早绽放的花朵。他们是先驱者，是稀有而珍贵的存在。在当时，意识的普遍绽放还是不太可能，而且他们所传达的讯息大部分都被误解，并经常被严重地扭曲。当然，除了少数的几个人之外，人类的行为也没有因此而转化。

现在的人类，是否比以前这些大师在世时准备得更充分了呢？为什么应该是这样呢？你到底能做什么，好让这个内在的转变发生或是加速发展呢？旧的小我意识状态的主要特点是什么？哪些迹象可以用来辨识新萌生的意识呢？本书将会涉及这些问题以及其他重要的议题。更重要的是，这本书本身就是从正在扬升的新意识当中出现的转化工具。这里提出的论点和观念虽然重要，但它们其实都是次要的。它们只不过是指向觉醒的路标（signpost）。当你读这本书的时候，转变已经在你之内发生了。

本书的主要目的，不是为你的心智再增加一些新的资讯或信念，或是试图说服你相信什么，它是为了要带来意识的转化，也就是：觉醒。就这点来说，这本书并不"有趣"。所谓"有趣"是指：你可以和它保持一定的距离，在心智里玩弄这些观点和概念，不管你同意或不同意。这本书是关于你的。它不是会改变你的意识状态，就是会对你而言毫无意义。它只会唤醒那些已经准备好的人。很多人（但不是每个人）都准备好了，而且随着更多个人觉醒的发生，集体意识的动能也会跟着增加，所以对其他人来说，觉醒就变得更加容易。如果你不知道"觉醒"是什么意思，请继续读下去。只有当你觉醒时，你才可能了解这个词的真意。短暂的一瞥就足以启动觉醒的过程，而且这个过程是不可逆转的。对有些人来说，那个短暂的一瞥会在阅读本书的时候发生。而对很多甚至不了解觉醒是什么的人来说，这个过程可能已经开始了。这本书可以帮助他们觉察到这一点。觉醒的过程，在某些人身上，可能经由遭受损失或痛苦的方式开始，有些人则可能是经由接触到某位灵性老师或是某些灵性教导开始，或是经由阅读《当下的力量》或其他充满灵性生命力因而具有转化力量的书籍，也有可能是以上各种经验的组合。如果觉醒过程已经在你之内展开了，阅读这本书将会加速并强化这个过程。

所谓觉醒，很重要的一部分就是去辨识出那个未觉醒的你——也就是小我，在小我思考、说话和行动的时候，辨识到它，并且辨认出那个集体受到制约的心智运作过程（它在未觉醒状态中持久不衰）。因此，本书揭示了小我的几个主要面向，以及它在个人层面和集体层面的运作方式。这也是为了两个重要而且相关的理由：第一就是，除非知道小我背后运作的基本机制，否则你无法辨识出它，而它会一直欺骗你，让你一而再、再而三地与它认同。也就是说，它会掌控你，冒名顶替而成为你。第二个理由是："辨识出小我"的这个举动，正是觉醒发生的方式之一。当辨识出自己内在的无意识时，其实就是扬升的意识，也就是觉醒，让这个辨识发生的。你无法与小我抗争并且取得胜利，就如同你无法与黑暗抗争一样。你所需要的就是意识之光。你就是光。

我们世袭的功能失调（dysfunction）

若更加深入地去研究人类古老的宗教和灵性传统，我们就会发现，在众多的表面差异之下，有两个相同的核心洞见。描述这些洞见时所用的字句可能不尽相同，但是它们都指向一个双重含义的基本真理。这个真理的第一层含义就是：领悟到大多数人类所谓"正常"的心智状态，其实隐含了一个我们可以称之为"失调"甚至是"疯狂"的重要元素。一些印度教的核心教导也许最能够认清这种"失调"，其实是一种集体心智的疾病。他们称它为"玛雅"（maya），即幻相之幕。印度最伟大的圣者之一马哈希尊者（Ramana Maharshi），就曾经直率地指出：我们的心智（mind）就是幻相（maya）。

佛教则使用不同的词汇。根据佛陀的说法，在正常的情况下，人类的心智会产生"度卡"（dukkha），可以翻译成受苦、不满足，或就是悲惨。佛陀视它为人类状态的一个特征。无论去哪里，无论做什么，佛陀说，你都会遭逢"度卡"，而且它迟早都会在每一个情境中出现。

根据基督教的教导，人类共同的正常状态之一就是原罪。"罪"是一个被广泛误解和错误阐释的字。这个字是从《圣经·新约》的古希腊文直接翻译过来的。"犯罪"的原意是"错过了标记"，就像弓箭手错失标靶一样，所以"犯罪"就是"错失了人类存在的要义"。它的意思就是：活得不够有技巧，盲目地生活，因此就会受苦并制造苦因。所以，抛开文化上的包袱和错误诠释之后，"罪"这个字所指的，就是人类世袭下来的功能失调状况。

人类的成就是非凡而且无可否认的。我们在音乐、文学、绘画、建筑和雕塑方面都创造了杰出的作品。近年来，科技更为我们生活的方式带来剧烈的转变，同时使得我们能够做出和创造出两百年前会被视为奇迹的事情。毫无疑问，人类是非常有聪明才智的。但是它的聪明才智却因疯狂而有瑕疵。科技加强了人类心智破坏的影响力：这个星球、其他生命的形式以及人类自己，都深受其功能失调之害。这就是为什么在20世纪的历史中，我们最能够清楚地辨识出人类的功能失调和集体疯狂。另一个让我们能够清楚地辨识它们的原因就是：这个功能失调实际上正在加强和加速发展当中。

第一次世界大战在1914年爆发。在人类的历史上，经常发生由恐惧、贪婪和权力欲望所驱动的毁灭性残酷战争，以及奴役、虐待，还有因为宗教和意识形态不同而引发的各种暴力。人类因为相残而遭受的痛苦远超过因自然灾害所带来的痛苦。在1914年时，高度智慧的人类心智不但已经发明了内燃机，也发明了炸弹、机关枪、潜水艇、喷火器还有毒气瓦斯。聪明才智竟为疯狂所用！在法国和比利时的壕沟拉锯战当中，因为抢夺几英里的泥巴地而导致好几百万人的死亡。当1918年第一次世界大战结束时，幸存者在震惊和不解中检视战争遗留下来的惨祸：1000万人失去生命，更多的人伤残。人类的疯狂从未有如此巨大而且清晰可见的破坏力。然而当时的人却还不知道，这只是一个开始而已。

到了20世纪末，人类因同胞暴力相残而死亡的人数已经超过了1亿人。这些人不仅是因为国家之间的战争而死的，同时也死于大屠杀和种族灭绝。像苏联斯大林时代，死于"阶级敌人、间谍、叛国贼"罪名的人数高达两千万人。还有无法言喻其恐怖的纳粹德国大屠杀。另外还有很多人是死于无数小规模的内战，例如西班牙的内战；或是在红色高棉政权统治下的柬埔寨，全国约四分之一的人口都被处死。

我们只要每天收看电视新闻,就会知道这种疯狂不但丝毫没有减少,而且继续延伸到了 21 世纪。人类集体心智的功能失调,呈现在另外一个层面就是,人类对其他生命形式以及这个星球本身,展开了前所未有的暴力行为:供应氧气的热带雨林以及其他动植物都遭到破坏,养殖农场中对动物的虐待,河流、海洋和空气的污染。人类为贪婪所驱使而持续进行这样的行为,对他们自己是和整个地球生命联结在一起的事实一无所知。如果不加以检视的话,最终将会造成人类自身的毁灭。

人类这种病态的集体显化就是人类的核心状态,构成了人类历史的主要部分,也是相当程度的疯狂史。如果人类的历史,可以用一个人的病历来比喻的话,那诊断将会是:慢性偏执狂妄想症,症状是有谋杀、极端暴力和残酷行为的病态癖好。对象则是他所认为的"敌人"——他自己的无意识向外投射出来的敌人。他是一个有犯罪倾向的疯子,但偶尔会有短暂的清醒时刻。

恐惧、贪婪和权力欲望这几个主要的心理动力,不仅是国家、种族、宗教和意识形态之间战争和暴力的原因,也是造成各种人际关系冲突不断的主因。它们也造成了你对于其他人和对你自己认知上的扭曲。在这样的错误认知下,你会曲解所有的情况,而采取一些让自己脱离恐惧或满足自己贪婪欲望的偏差行为,然而这却是一个永远都填不满的无底洞。

我们必须了解的一个重点是,恐惧、贪婪和权力欲望并非我们所谈的功能失调，它们是因为功能失调而造成的，而功能失调则是深植于每一个人心智中的那个集体幻相。很多灵性教导告诉我们要放下恐惧和欲望，但是这些灵修法门通常都不管用，因为它们没有针对功能失调的根本原因着手。恐惧、贪婪和权力欲望不是最终的肇因。试着成为一个善良或是更好的人听起来是一个值得赞赏而高度"心智化"的事情。然而，除非你能转变你的意识状态，否则这样的努力终究不会成功。因为这样的努力仍旧是功能失调的一部分。这种努力可以视为是一种更微妙、更细腻的伪装形式，这个伪装其实是为了增强自我、欲求更多以及强化个人自我概念的认同（亦即自我形象）。试着变成好人并不会让你变得更好，而是经由找到那个早已存在于你之内的良善，并且允许那个良善彰显出来，才会让你变得更好。但是如果想要那个良善显现，你的意识状态必须有一个根本的改变。

共产主义的历史，最早是由一个高贵的理想所启发的，但它清楚地展示了当人们试着去改变外在实相（reality）——创造一个新世界——而不先去改变内在实相（意识状态）的时候，会发生什么事情。他们在勾画未来的时候，并未考虑到人类功能失调的蓝图——也就是每个人内在都有的小我！

扬升的新意识

大多数古代的宗教和灵性传统都有一个共同的洞见：我们人类心

智的正常状态,被一个基本的瑕疵给破坏了。然而,如果我们从这个洞见来看人类状态的本质(我们可以称它为坏消息),就会升起第二个洞见(好消息):人类意识可能会有彻底转化的机会。在印度教的教导中(有时在佛教中也是),这个转化被称为"开悟"。在耶稣的教诲中,它是"救赎",在佛教中,它是"了苦"。"解脱"和"觉醒"也是其他常用来形容这个转化的词汇。

　　人类最伟大的成就倒还不是艺术、科学或科技的成果,而是能认识到自身的功能失调与疯狂。在遥远的过去,已经有少数几个人能够这样认识到了。2600年前的印度,有一个名叫乔达摩·悉达多的人,他可能是第一个完全看清楚人类功能失调的人。后来,他被授予"佛陀"的尊号。佛陀的意思就是"觉醒者"。大约同时,在中国也出现了一位在人类之中较早觉醒的老师,他的名字是老子。他留下了一本有关他教导的著作《道德经》,这本书是有史以来意义最为深远的灵性书籍之一。

　　当然,当一个人能够认识自己的疯狂时,就已经是迈向神智清醒以及疗愈和超越(transcendence)的开始了。一个新的意识向度(dimension)已经开始在地球上显现,也可以说是第一个短暂的绽放。这些稀有的觉醒者,那个时候就和他们同时代的人开始谈论这些东西。他们谈到罪,谈到受苦和幻相。他们说:"看看你是如何生活的,看看你在做些什么,还有你创造出的痛苦。"然后他们会指出从"正常"人类存在的集体梦魇中苏醒的可能,他们指引了一条明路。

当时，虽然这个世界还没有准备好，这些大师却还是人类觉醒的过程当中一个重要且不可或缺的部分。不可避免的，他们大部分都被同时代的人误解，甚至后世也有很多人无法理解他们。虽然他们的教导既简单又有力，而且有些还是他们弟子记录下来的，但还是经常被扭曲和误解。几百年来，很多和原来教导毫无关系的东西都被添加上去，反映出那些基本的误解。这些老师们，有的被嘲笑、辱骂或是被杀害，有的则像神一般地被崇拜。很多指引我们超越人类心智功能失调以及脱离集体病态方法的教导，都已经被扭曲，甚至本身也成为病态的一部分了。

因此，大致说来，很多宗教变成了制造分裂而不是促成合一的力量。它们不但没有经由领悟到所有生命最终的合一真相而终止暴力和仇恨，反而还带来更多的暴力和仇恨。在人与人之间以及不同的宗教，甚至相同的宗教之间，都制造了更多的分裂。它们成为一种人们可以认同的意识形态和信念系统，并且利用这些来增加人们虚幻的自我感。经由这些意识形态和信念系统，人们能够宣称自己是"对"的，别人是"错"的，同时借由他们的敌人（也就是其他人，不信仰他们宗教的人，或是错误信仰的人）来定义自己，甚至还常以此来为他们的杀戮行为辩解。人以自己的形象来创造神。那个永恒的、无限的、无以名之的存在，被人们矮化成一个你必须相信和崇拜为"我的神"或是"我们的神"的心理偶像。

但是……但是……即使有那么多疯狂的行径假宗教之名横行，这些宗教所指向的最终真理还是在它们的核心中闪耀。经过一层又一层的扭曲和误解，这些真理虽然很微弱，但仍然在闪耀着。除非在自己之内能够先瞥见这个真理，否则你很难在这些宗教之中看到它。在整个历史中，总是有极少数的个人经历到意识的转变，因而在他们的内在领悟到了所有宗教所指向的东西。为了描述那个无法用概念形容的真理，他们还是必须要运用自己宗教中概念的架构来描述它。

借由这样的一些人，在所有主要的宗教当中，兴起了一些学派或运动。这不仅仅代表原始教导的复苏，其中有些学派或运动也强化了原始教导的光芒。这就是灵知主义（Gnosticism）和一些神秘学派在基督教早期和中期兴起的背景。还有像伊斯兰教的苏菲教派（Sufism），犹太教的哈西德主义（Hasidism）和卡巴拉神秘哲学（Kabbala），印度教的不二论（Advaita Vedanta），佛教的禅宗和大圆满（Dzogchen）。这些学派大部分都是打破偶像崇拜的。它们去除了一层层僵硬的概念化和心理信念的结构，而正因为如此，那些早已完善的宗教统治阶级对它们抱持怀疑甚至敌对的态度。和主流宗教不同的是，这些教导强调领悟和内在的转化。

经由这些秘传的学派或运动，那些主要的宗教才能够重新获得它们原始教导的转化力量，即使在多数情况下，只有少数人才能接触这些学派或运动。而这些有幸接触到的人，由于为数不多，始终未能对大多数人的深层集体无意识造成任何显著的影响。随着时代的变迁，这些学派中，有些本身也变得过于形式化或概念化，以至于无法维持它们原来的影响力了。

灵性和宗教

在新意识的扬升中，传统的宗教究竟扮演着什么样的角色呢？很多人已经觉知到灵性和宗教的差异。他们了解到，拥有一个信仰系统——一套你认为是绝对真理的思想——无论它们的本质是什么，并不会让你更有灵性。事实上，愈是与思想（信仰）认同的人，愈会把自己带离内在的灵性向度。很多虔诚信教的人都被困在这一个层次。他们将思想等同真理，而当他们完全与自己的思想（心智）认同时，他们就会宣称自己拥有唯一的真理，其实这是无意识地试图保护他们的身份认同。他们不了解思想的局限。除非你和他们所信（所想）的完全一样，否则你在他们眼中就是"错的"，而在不久的过去，他们还会觉得为此而杀了你是很合理的行为。其实，到现在还是有人这样做。

新的灵性，也就是意识的转化，现在正大幅度地在现有制度化的宗教结构外兴起。即使在心智挂帅的宗教当中，总有一些潜藏的灵性在其中，而制度化的宗教统治阶级会觉得备受威胁而试图打压它们。在宗教结构之外，大规模的灵性开展是一个全新的发展。在过去，这是不可思议的，尤其在西方（最为心智挂帅的文化），基督教会基本上是拥有灵性特权的。除非有教会的许可，否则你不能随意地对灵性发表言论或是出版有关灵性的书籍。如果没有教会的许可而你这样做的话，他们会马上让你销声匿迹。但是现在，即使在某些教会和宗教中，都有了转变的迹象。即使这些宗教开放的迹象还是很微弱，但已经让人很感恩了，例如教皇若望·保禄二世会去探访一座清真寺，还有犹太人的教会，这都是相当令人宽慰的。

也许是因为在传统宗教之外兴起了一些灵性教导，同时也可能是因为东方古老的智慧教导蜂拥而至，愈来愈多传统宗教的跟随者能够放下对外在形式、教条和严苛信念系统的认同，而去发掘隐藏在他们自己的灵性传统中的原有深度，同时也发掘了他们自己内在的深度。他们了解到：你的灵性程度和你所相信的东西无关，但是却与你的意识状态息息相关。而接下来这又决定了你在这个世界中的行为以及与其他人之间的互动。

那些执著于外在形相的人，会更加的深陷于他们的信念之中，也就是他们的心智之中。此刻我们目睹的不仅是一个前所未有的、蜂拥而至的意识潮流，同时也目睹了小我的困窘和强化。有些宗教团体会敞开胸怀接纳这个新的意识，有些反而会强化他们的教条立场，并且与其他人为的结构组织携手，让集体小我经由这些组织来防卫自己，并且反击这个潮流。有些教会、宗派、教派或是宗教运动基本上都是集体小我的实体，就像那些追随政治意识形态的人一样，严格而僵化地认同他们的心理立场，不能接受别人对现实不同的诠释。

但是小我和它所有僵化的结构——无论是宗教、其他组织、公司或是政府，是注定要瓦解的，无论表面上看来是如何的根深蒂固，它们都会从内部开始分崩离析。最严谨的结构组织，最冥顽不灵而无法改变的，反而会第一个崩溃。

转化的急迫性

当面临一个巨大的危机时，当旧有的生活方式、与他人互动的方式以及与大自然共存的方式都需要改变时，当生存受到看起来难以应付的问题的重大威胁时，某种个别的生命形式（或是物种）可能会死亡、绝种或是经由一个进化的跳跃而突破现有的限制。

大家都相信，地球上的生命形式最早是从海洋中开始演化的。当陆地上还没有动物时，海洋中却已满布生命。而在某个时间点，海洋中的某种生物可能开始向干燥的陆地探险。刚开始可能只是爬个几英寸，然后，由于受不了没有浮力情况下巨大的重力牵引而精疲力竭，于是再度回到水中，这样可以生活得比较舒适。然后它又一而再、再而三地尝试，过了很久以后，它终于能够适应地面的生活，长出了脚以取代鳍，发展出了肺以取代鳃。对一个物种来说，除非它是被危机所迫而不得不如此，否则要冒险进入一个完全陌生的领域，还要经过一个进化的转变，真是不太可能的。也许当时某一大片海域真的与主要的海洋隔绝了，经过几千年后，水渐渐地减少，迫使鱼类要离开它们的栖息地而展开进化。

对人类来说，我们此刻面临的挑战就是：对一个威胁我们生存的巨大危机做出回应。虽然在 2500 年以前，古代高度智慧的导师就已经察觉到人类小我心智的功能失调，而如今这种失调因为科技的发达而更加恶化，首度威胁到了地球的生存。直到不久之前，人类意识的转化（早期的大师们也指出过）一直都只有个可能性而已，而且只有在不同地点的少数个人曾经实现过，这与文化或宗教背景都无关系。而在当时，广泛的人类意识的绽放尚未发生，因为那时还不是那么的急迫。

地球上大部分的人类将很快地认识到（如果他们尚未认识到的话），人类现在面临着一个严酷的选择：进化或是灭亡。比例上来说相对较少，但是正在急速增加的一小群人，目前正经验到内在旧有小我心智模式的瓦解，以及新向度意识的浮现。

目前正在兴起的不是一个新的信念系统，一个新兴的宗教、灵性意识形态或是神话。我们其实是走到了神话、意识形态以及信念系统的尽头了。这个转变要比你的心智内容和思想的转变来得更深。事实上，新意识的核心就是超越思想——你会发展出一个能够超越思想的新能力，它同时能让你领悟到，你的内在有一个比思想更为广阔无边的向度。在此之前，你认为旧意识中不间断的思想续流（stream of thinking）就是你自己，现在你不需要从那个不间断的思想续流当中去寻找你的身份认同，还有你的自我感了。能够领悟到"在我脑袋中的声音并不是我"这个事实，是多么伟大的解脱啊！那么我究竟是谁呢？你就是看到这个事实的觉知，那个在思想发生前就存在的觉知，也就是思想、情绪或感官觉受（sense perception）发生时所在的那个空间。

小我只不过是：与外在形相的认同，形相主要指的是思想形相（念相，thought form）。如果邪恶有任何真实性的话（这个真实性是相对的，不是绝对的），那么它的定义也可以是：完全地与外在形相认同，就是与物质形相、思想形相、情绪形相认同。这样的认同会造成我们的无知：无视于我们与整体的联结，完全无法觉察到我们内在与其他万物以及源头的合一。这样的遗忘就是原罪，受苦和幻相。当"我们与万物显然是分离的"这个幻相主导了我所想、所说和所做的所有事物的时候，我会创造出什么样的世界？想找到答案的话，你就去观察人类是如何互动的：读一本历史书，或是看一下今晚的电视新闻，你就知道了。

如果人类的心智结构还是不改变的话，我们会不断地重新创造出本质上如出一辙的世界，同样的邪恶，同样的功能失调。

一个新天新地

本书的书名来自于《圣经》中一个预言的启发，这个预言在当前时刻，比人类历史上任何一个时期都更适用。在《新约》和《旧约》当中都谈到，一个现有世界秩序的崩溃以及一个"新天新地"的升起。

我们必须要了解的是：在这里说的"天"（天堂），并不是一个地点，它指的是意识的内在领域，它的意义是灵性而隐秘的（不是字面上的意思），这也是耶稣教诲的要义。从另一方面来说，"地"（世界）就是形相的外在显化，而外在形相永远都是内在的反映。在我们这个星球上，人类集体意识和生命是根本相连的。"一个新天堂"指的是已转化了的人类意识的出现。"一个新世界"指的是这个意识在物质领域的反映。既然人类生命和意识与地球的生命是根本合一的，随着旧意识的瓦解，在同一时间，地球各地会同步发生地理上和气候上的自然混乱，有些我们现在已经目睹到了。

第二章
小我：人类的现状

　　字句（words），无论是发声说出来或是没有说出来，而只是以思想的形式存在，都会在你身上投下一个几乎像催眠一样效果的魔咒。你很容易在其中迷失，而且会像被催眠般地暗自相信，当你把一个字句与一个事物联结的时候，你就知道它们是什么了。事实是：你其实不知道它们是什么。你只是用一个标签把一个谜团给遮盖了。任何事物——一只鸟、一棵树，甚至一块简单的石头，当然还有人，其实最终都是无法被知晓的。这是因为它们都有着深不可测的深度。所有我们可以理解的、经历的、想到的，都只是真相的表层，比一座冰山的尖端还小。

在这个表相之下，万物不但与其他的事物相连，同时也和它们生命的源头相连。即使是一块石头（当然一朵花和一只鸟就更明显了），都能为你展示回归神、回归源头和回归你自己的道路。当你看着它、握着它或是任由它在那里，而不加诸一个字句或是心理标签在它身上的话，你的内在会升起一股敬畏和惊叹之情。它的本质会无声地与你沟通，然后把你的本质反映回来给你自己。这就是伟大的艺术家可以感受到的，同时可以成功地在他们的艺术中表达出来。梵·高没有说："这只是一张旧椅子。"他观察、观察、再观察。他感受到了这张椅子的本体，然后他坐在帆布前，拿起笔刷作画。这张椅子本身大概值几块美金。同样的一张椅子，梵·高以它为主题的画作，今天可以卖到超过2500万美金。

当你不再用字句和标签来遮盖这个世界的时候，那个久已失去的奇迹般的感受就会重回你的生活之中。当初会失去那种奇迹感，是因为人类不但不能"使用"他们的思想，反而被他们的思想所占有。如果能不用字句和标签来遮盖这个世界的话，另外一种深度就会回到你的生命当中，事物会重新获得它们的新奇感和新鲜感。而最大的奇迹则是：你能够经历到那个本来的自我，它是在任何字句、思想、心理标签和形象（images）升起之前，就存在的。想要这个奇迹发生的话，你必须要将你的自我感和本体感，从所有和它们已经混淆在一起，也就是它们所认同的东西当中撤离。这本书所谈的就是那个撤离。

你愈快地加诸一个言语上的或是心理上的标签在人、事、物或情况上面时，你所面临的实相就会变得愈浅薄和无生命力，而你也会愈加地远离实相，也远离了在你之内和周围展开的生命奇迹。而这样的话，你也许会有些小聪明，但是会失去智慧，还有喜悦、爱、创造力和生命力。这些东西都是隐藏在认知（perception）和诠释（interpretation）之间的那个宁静的间隙之中。当然，我们平常是需要用到语言和思想的，它们有自己的美丽。但我们需要被囚禁在它们之中吗？

字句把实相缩减成人类心智可以理解的东西，而心智可以理解的东西其实并不多。像英语，它包括了声带可以发出的五个基本音。这五个母音是：a，e，i，o，u。其他的音则是嘴巴压缩空气而发出的子音：s，f，g，等等。你会相信如此基本的一些发音组合能够解释你是谁，或是宇宙的终极目标，甚或是一棵树或是一块石头的深处究竟是什么吗？

虚幻的自我

"我"这个字，具体表现了最大的一个谬误和最深的一个真理——取决于你如何使用它。在传统的用法上，它不仅是语言中最常用的一个字（还有作为受词的"我"，"我的"，还有"我自己"），也是最常误导人的一个字。在日常生活的使用中，"我"具体化了一个最原始的错误，一个对于"你是谁"的误解，一个虚幻的认同感。这就是小我。

这个虚幻的自我感就是爱因斯坦说的，"一个意识的视觉虚幻"。爱因斯坦不仅对于时空的实相，更对于人类的本质有着深奥的洞见。那个虚幻的自我，就变成了所有进一步阐释（或者说是误解）实相、思想过程、互动和人际关系的基础。你的实相就成为这个原始幻相的一个反映。

好消息是：如果你能辨识出幻相的话，它就瓦解了。辨识出幻相也就是幻相的终结。它要靠你错认它为实相，它才能存活。当看出来"你不是谁"的时候，"你是谁"的实相才会自动浮现。当你慢慢地、小心地读这一章和下一章的时候，这种情形会发生。这两章谈的是有关我们称之为小我（错误的自我）的机制。那么，这个虚幻自我的本质是什么呢？

当你说"我"的时候，你所指的并不是你的本质（who you are）。你的本质的无限深度，在这里被极度简约了，而与一个声带所发出的声音或是你脑袋中"我"的这个思想以及"我"所认同的东西混淆在一块儿了。所以，平常我们提到"我"（I），还有受词"我"（me）以及"我的"（my、mine）的时候，指的到底是什么呢？

当一个小孩学习到：一连串由父母声带发出来的声音就代表了他的名字时，这个孩子就开始把那个字句（在心智里就是一个思想）等同于他是谁了。在那个阶段，有些孩子会用第三人称来称呼自己。"强尼饿了。"很快的，他们学会了那个具有魔力的字眼"我"，然后将它等同于他们的名字，而他们早已经把名字等同于他们是谁了。然后其他的思想会来到，并且和这个最初的"我—思想"（I-thought）合并。下一步就是，有关"我"和"我的"的思想，会把一些事情标记成"我"的一部分。这就是认同于物件（object），也就是在"事物"上投注心力，而最终会认同于一些思想，这些思想代表了不同事物，我们在其中也都投注了自我感，因此可以从它们身上寻求身份认同。当"我的"玩具坏了或是被拿走了，强烈的痛苦就产生了。不是因为这个玩具本身有什么价值（孩子通常很快就对它失去了兴趣，然后又会被别的玩具或物件取代了），而是因为那个"我的"思想。这个玩具已经成为孩子发展中的自我感——也就是"我"的一部分。

所以随着孩子的成长，最初的"我—思想"会吸引其他的思想过来：它会与性别、所拥有的东西、感官觉受的身体、国籍、种族、宗教、职业等产生认同。其他"我"会认同的东西还有：角色（母亲、父亲、丈夫、妻子等）、累积的知识或意见、喜好和厌恶、过去发生在"我"身上的事，还有关于一些想法的记忆，而那些想法能让我进一步定义我的自我感而成为"我和我的故事"（me and my story）。这些只是让人们汲取身份认同感的事物当中的一部分而已。它们最终都只不过是被事实随意绑定的一些思想，而那个事实就是：它们全都被我们投注了自我感在里面。你平常说到"我"的时候，你所指的就是这个心理的结构。更精确地说：大部分的时间当你说或是想到"我"的时候，其实不是你在说话，而是那个心理结构的某个面向在说话，也就是那个小我的层面。一旦你觉醒了，你还是会用"我"这个字，但是它会从你内在的更深处出现。

大部分的人还是完全地与他们心智中以及强迫性思想中不间断的思想续流认同，其中大部分都是重复而没有意义的思想。除了他们的思考过程，还有随之而来的情绪之外，没有所谓的"我"了。这就是"灵性上无意识"的意思。当你告诉人们，他们脑袋中有一个喋喋不休的声音时，他们会说："什么声音？"或是愤怒地否认，当然，让他们这样做的，就是那个声音，那个思考者，那个未受到观测的心智（unobserved mind）。它们可被视为一个占据并控制了这些人的实体。

有些人永远不会忘记，当第一次能够不与思想认同时，他们短暂地经历到了身份认同的转换：从心智的内容，转为背景的觉知（awareness in the background）。对其他的人来说，这种情形可能是以非常微妙以至于几乎注意不到它的方式发生，或是他们只能感受到一股强烈的喜悦或内在的和平如潮水般涌来，而不知其所以然。

脑袋中的声音

我在伦敦大学读一年级的时候，对觉知初次有了惊鸿一瞥的经验。我每周有两次搭地铁去学校的图书馆，通常是早上九点出门，到傍晚交通高峰结束时回家。有一次，有位三十出头的女人坐在我的对面。我以前在地铁上也看见过她几次，她让人不得不注意她。虽然整个车厢是满的，但是她左右的座位却是空的，毫无疑问的，原因是：她看起来真有点精神不正常。她非常的紧张，不停地愤怒而大声地自言自语，完全沉浸在自己的思想中，看起来好像对其他人和她周围的环境完全没有任何的觉知。她的头低垂而有点偏左，好像正和身边空位上的人说话似的。我不记得精确的内容了，她的独白大致是这样："然后她跟我说……所以我对她说你是一个骗子你竟敢骂我……我这么相信你，你却一直利用我占我便宜辜负我对你的信任……"在她愤怒的语调里，好像她被人诬陷了，她需要防卫自己否则会被消灭。

当地铁靠近托特纳姆法庭路站的时候，她站起来向车门走去，嘴里还是说个不停。那也是我要下的站，所以我也随着她下车。到了街上，她开始向贝德福广场走去，一路继续进行她想象的对话，还是愤怒地指控别人并维护自己的立场。我的好奇心被勾起，决定跟着她——只要她走的大方向和我要去的地方差不多。虽然全神贯注于幻想式的谈话，她似乎还是知道要去哪里。很快的我已经看到了参议院壮丽的建筑，那是一个 20 世纪 30 年代盖的高楼，也是伦敦大学中央行政楼和图书馆。我惊呆了。我们怎么可能去同样的地方呢？是的，她是往那里走去。她是老师，学生，办公人员，还是图书管理员？也许她是某个心理学家研究的对象？我永远无法知道答案。我离她有二十步之遥，当我进入那栋大楼的时候，她已经消失在一部电梯当中。（那栋大楼，很讽刺的，恰好是乔治·奥威尔的小说《1984》拍成电影时，用来当作片中"心智警察"总部的地点。）

我多少对于刚刚看到的那一幕感到震惊。当年我是一个成熟的 25

岁的一年级生，认为自己是一个正在成形中的知识分子，同时我深信所有人类存在的困境都可以透过智性（intellect），也就是思考来获得解答。我尚未了解到：人类存在最主要的困境其实就是无觉知的思考。我视我的教授们为拥有所有人生答案的圣者，并且把大学视为知识的殿堂。一个像她那样神志不清的人怎么可能是这其中的一部分？

在进入图书馆之前，我在男洗手间中还是在想她的事。在洗手的时候，我想：希望我最后不要变成像她那样。在我旁边的一个男人很快地朝我这个方向瞄了一眼，我突然震惊地发现，刚刚我不仅"想"了那些话，还大声地喃喃自语出来。"啊，我的天哪！我已经像她一样了！"我这么想。我的心智不也是像她那样无止境地活跃吗？我和她之间的差异其实很小。在她思想之下所主导的情绪似乎是愤怒。在我的情形中，大部分是焦虑。她把心中所想的东西都大声地说出来了，而我大部分的时间，是在心里想而不说出来。如果她是疯子的话，那么每个人都疯了，包括我自己。这其间只是程度的差异罢了。

那一刻，我从自己的心智中撤退了一步，而从一个更深的角度来看它。在那时，有一个短暂的从思考到觉知的转变。我还是在男洗手间里面，但现在是一个人，看着镜中自己的脸。在脱离了我心智的那一刻，我大笑了起来。听起来好像不正常，但是它却是一个精神正常的笑，弥勒佛的笑。"生命其实并不是像我心智制造的那么严肃。"这好像是我的笑声所要说的话。但这只是短暂的一瞥，很快就被遗忘了。接下来的三年，我都在焦虑和忧郁中，完全地与我的心智认同。一直到我快要自杀的时候，我的觉知才再度出现，这次就不只是惊鸿一瞥了。我从强迫性思考、虚幻的自我和心智制造的自我当中，彻底解脱了。

上面的事件，不但给了我对于觉知的一瞥，也让我对人类智性的绝对正确性有了第一次的怀疑。几个月后，一件悲剧更加深了我的疑惑。一个星期一的早晨，我们到达教室准备上一位教授的课，我一直很仰慕那位教授的头脑。但我们却被告知，那位教授在周末时举枪自尽了。我完全地震惊。他是一个备受尊崇的老师，而且看起来似乎知道所有问题的答案。然而，当时我还是觉得，除了培养我们的思维之外，别无他法。我并不了解：我们是意识，而思考只是其中很小的一个面向，我也不知道什么是"小我"，更别说在我之内觉察到它了。

小我的内容和结构

小我的心智完全被过去所制约。它的制约有两个面向：内容和结构。

在一个孩子因为玩具被夺走而痛哭的例子里，那个玩具就代表了内容。它和任何其他的内容都是可以互换的——任何其他的玩具或是物件都可以。你所认同的内容是被你的环境、教养。和周边文化所制约的。无论这个孩子是富有还是贫穷，无论这个玩具是一个木头做的动物还是复杂精密的电子产品，就失去它的痛苦来说，没有任何差别。

这个剧烈的痛苦之所以产生的原因，是在于这个字："我的"，这就是结构性的。无意识地、强迫性地借由与一个物件产生关联，来强化一个人的身份认同，已经是在小我心智的结构中根深蒂固了。

小我赖以生存的最基本的心智结构就是"认同"。认同（identification）这个字是从拉丁文 idem（意思是"一样的"）和 facere（意思是"使成为"）衍生而来的。所以，当我"认同"某个事物的时候，我就"使它成为一样的"。和什么一样呢？和我一样。我赋予它我的自我感，所以它就成为我身份认同的一部分了。认同最基本的层次就是与实体事物的认同：我的玩具，稍后就变成了我的车子，我的房子，我的衣服等等。我试着在事物中寻找自己，可是却从来没有真的成功，最后还让自己迷失在这些事物中。这就是小我的命运。

与事物的认同

广告业界的人都非常了解，想要人们购买他们并不是真正需要的东西，他们必须要说服人们：这些东西会加强他们看待自己或是如何被别人看待的良好感觉，换句话说，就是为他们的自我感加分。比方说，广告会告诉你：如果你用了这个产品你就会出类拔萃，意指你会更能成为自己。或是他们可能在你的脑海中制造一个印象：这个产品是和一位名人，或是一个年轻有魅力，或快乐无比的人有关联。即使已经垂垂老矣或是去世的名人在他们当红时期的照片，都可以达到这样的目的。在这里，隐含的假设就是：买了这个产品之后，经由一些神奇的联结行为，你会变得像他们一样，或是表面上的形象会看起来像他们一样。所以很多情况下，你买的不是那个产品，而是买一个"身份认同的强化品"。名牌的标签基本上是让你买一个集体意识的身份认同。它们非常的名贵，所以也非常的"独特"。如果每一个人都可以买得起的话，它们就会失去其心理上的价值，那么剩下来的就只是物质的价值，那大概只有你付的价钱的零头而已。

每个人会认同于什么样的事物因人而异，取决于你的年龄、性别、收入、社会地位、时尚、周边文化等等。你所认同的事物就是内容；而你无意识地、强迫性地去认同，就是结构性的。这是小我心智运作最基本的方式之一。

矛盾的是，使得所谓"消费者社会"得以继续存在的原因，就是我们试图在事物当中寻找自己但却失败的事实：小我的满足是如此的短暂，所以你必须不断地追寻更多，买得更多，一直不停地消费。

当然，在我们表层自我（surface selves）所生存的物质向度中，有很多事物是生活中不可或缺的必需品。我们需要房屋、衣服、家具、工具、交通运输等，在生活中，我们也会因为一些事物的美丽或本有的特质而珍视它们。我们需要尊崇物质世界，而不是鄙视它。每一样事物都有它的本体（beingness），都是从无形的至一生命——所有事物、所有实体、所有形相的源头——所衍生出来的短暂形相。在最古老的文化中，人们相信每一件事物，即使是所谓的无生命的物体，都有一个生存于其中的灵性,而在这方面,这些古老的文化比我们现代人更接近真相。当你生活在一个被抽象概念弄得死气沉沉的世界之中,你已经无法感觉这个宇宙的生命力了。大多数人都不住在一个活生生的实相中,而是生活在一个由概念组成的世界里。

但我们如果只是把世间的事物当成加强自我的工具,并试图在其中寻找自我的话,我们是无法真正地尊崇它们的。而小我却正是这么做的:它对事物的认同,创造了我们对事物的执著、迷恋,继而创造了我们的消费社会和经济架构,在其中,唯一衡量进步的标准就是:更多!

无由地"努力要更多"、"无尽地成长",就是一种功能失调和疾病。它和癌细胞增长所显示的功能失调是一样的,唯一的目的就是不断地倍增,却不知道毁坏了自身所属的器官,因而招致自身的毁灭。很多经济学家非常执著于成长的概念,他们甚至无法放下"成长"这个字眼,所以他们称衰退为"负向成长"。

很多人生命的绝大部分,都是消耗在对事物先入为主的迷恋上。这就是为什么我们这个时代的祸害之一就是物质的激增。当你无法感受到自己所是的那个生命时,你很可能就会用物质来填满你的生活。我建议你:经由自我观察,来研究一下你和这个世界中事物的关系,特别是那些你会称之为"我的"的事物,这可以作为一种灵性的修持。比方说,你必须要很警觉和诚实,才能发现你的自我价值感是否受限于你所拥有的东西。有没有一些东西会触发你一些微妙的重要感或是优越感？缺乏某些东西，是否会让你觉得逊于他人，因为他们有的比你更多？你是否会不经意地提到你所拥有的事物或是炫耀它们，好增加你在他人眼中的自我价值，或是让你的自我感觉比较良好？当别人的东西比你多，或是你失去了贵重财产的时候，你是否会觉得怨恨或愤怒，而且你的自我价值好像有些缩减了？

遗失的戒指

当我以前在做咨询师和灵性老师的时候，一个星期有两次会去探望一个身患癌症的女人。她大约四十多岁，是个学校的老师，医生说她最多只有几个月可以活了。在探访中，有时我们会聊上几句，但是大部分的时间我们都静默地坐在一起。当我们静坐的时候，她第一次瞥见到她内在的定静。之前在担任学校老师的忙碌生活中，她从来不知道它的存在。

然而，有一天，当我到达的时候，她却是在一个非常不安和愤怒的状态。"发生了什么事？"我问。原来她的钻石戒指不见了，对她而言，那是极具金钱价值和情感价值的。她确信是一个每天来照顾她几小时的女看护偷去的。她说她不理解怎么会有人如此的冷酷无情，居然对她做这种事情。她问我，她是该当面质问那个女人，还是立刻打电话叫警察比较好。我说我无法告诉她该怎么做，但是我要求她去发掘：那个戒指或是任何其他的事物，在她人生的这个阶段，到底还有多重要。"你不了解，"她说，"这是我祖母的戒指。我以前每天都戴着它，直到我生病手太肿了戴不下为止。它对我来说不仅仅是一个戒指而已，我怎么可能不生气？"

她反应的快速以及语气的愤怒和防卫性，都显示了她无法有足够的临在去审视内在，而把她的反应和事件分开，并且观察两者。她的愤怒和防卫显示了她的小我还是经由她在说话。我说，"我要问你几个问题，但你不要现在就回答，试着在你的内心寻找答案。我在每一个问题之后都会稍停一会儿。当答案浮现时，它也许不一定以话语的形式呈现。"她说她准备好洗耳恭听了。我就问，"你是否了解你有一天必须要放下这个戒指，而这一天也许很快就到来？你还需要多少时间才能准备好放下它呢？当你放下它的时候，你会变得更少吗？这个损失会缩减你的本质吗？"在最后一个问题结束后，有几分钟的沉默。

当她再度开口时，脸上带着微笑，而且看起来很平静。"最后一个问题让我了解到一个很重要的事情。起先我到我的心智里去寻找答案，我的心智说：'是啊，当然你被缩减了。'然后我再问我自己，'我的本质真的被缩减了吗？'这次我试着去感受，而不是思考这个答案。突然间，我能够感受到我的'本我'（I am-ness），我以前从来没有感觉过。如果此刻我能够如此强烈地感受到它，那么我的本质就应该丝毫没有被缩减。我现在还是可以感觉到它，很平静但是非常地鲜活。"

"那就是本体的喜悦，"我说，"你只能经由不在心智里的状态中感受到它。本体只能通过感受来体会，不能通过思考。小我无法知道它，因为小我就是由思想所组成的。你的戒指，其实真的只是你脑袋里的一个思想而已，可是你把它和你本我的感觉混淆了。你以为本我，或是本我的一部分在那个戒指里面。"

"无论小我寻求什么或是执著什么，它们都是本体的替代品，而小我无法感觉到本体。你可以珍惜并喜爱一些事物，但是一旦你执著于它们，你就知道这是小我在作祟。其实你不是真的执著于某件事物，而是执著于一个思想，这个思想有着'我'（I, 主词）、'我'（me, 受词）或是'我的'在其中。当你能够真正地接纳一个损失时，你就超越了小我，而你的本质，也就是本我（意识本身）就出现了。"

她说："我现在终于了解耶稣说的一句话了，以前我一直不懂：'如果有人拿了你的衬衣，就连外衣也让他夺去。'"

"对啊，"我说，"这并不是说你不该锁上你的大门。它的意思是：有的时候，放下一些事情其实比维护它或是抓住它来得更有力量。"

在她生命的最后几周，她的身体逐渐衰弱，但是她愈来愈有光彩，好像光已经从她内在透出来了一样。她把很多东西都送人了，有些还给了那个被她怀疑偷了戒指的看护。每送走一样东西，她的喜悦就更深。当她的母亲打电话通知我她过世时，提到了在她死后，他们在浴室的医药箱里面找到了那个戒指。是那个看护归还了戒指呢，还是它一直都在那儿？没有人知道。但是我们知道的一件事就是：生命总是为你提供对你意识的进化最有帮助的经验。你怎么知道这是你需要的经验呢？因为这就是此刻你正在经历的。

那么，一个人对他拥有的东西感到骄傲，或是对其他比你拥有更多的人感到不满，就是错误的吗？一点也不是。骄傲感，或是想要出类拔萃的需求，以及因为"比人家多"而加强了自我感或是"比人家少"而缩减自我感，这都不是对和错的问题，它就是小我罢了。小我并不是错的，它只是无意识而已。当你观察到你内在的小我时，你已经开始要超越它了。不要太认真地看待小我。当你侦察到自己内在的小我行为时，请微笑。有的时候你甚至会大笑出来。人类怎么可能被它欺骗了如此之久？最重要的是，要知道小我是无关乎个人的。它也不代表你是谁。如果你认为小我是你个人的问题的话，那不过是更多的小我罢了。

所有权的错觉

"拥有"某物，这到底是什么意思呢？将一些东西变成我所拥有的（我的），又是什么意思呢？如果你站在纽约的街头，指着一座摩天大楼说："那栋楼是我的，我拥有它。"你不是非常有钱，就是你有妄想症，要不就是骗子。无论如何，你是在述说一个故事，在这个故事中，"我"这个念相和"大楼"这个念相合而为一了。这就是所有权的心理概念运作的方式。如果大家认同你的故事，你会有一个签署的文件来证明他们的认可：你是很有钱的。如果没有人同意你说的故事，他们会送你去看精神科医师：你不是有妄想症，就是有强迫说谎的倾向。

在这里，很重要的一件事就是，无论人们同意与否，你要辨识出：这个故事和组成这个故事的念相与你是谁完全无关。即使人们同意这个故事，最终它还是一个幻相。很多人一直到了死亡迫在眉睫、外在的事物开始瓦解时，才了解到：没有任何事物和"他们是谁"的本质有关。当死亡临近时，这整个"所有权"的概念终究显得完全没有意义了。在生命的最后时刻，他们也了解到，他们终其一生都在寻找一个更完整的自我感，但是他们真正在寻找的本体，其实一直都在那里，只是大部分时间都因为他们对事物的认同（其实最终就是他们对心智的认同）而被掩盖了。

"灵里贫穷的人有福了，"耶稣说，"天国将是他们的。""灵里贫穷"是什么意思？没有内在的负累，没有认同。不认同于任何事物，也不认同于任何让他们有自我感的心理概念。"天国"又是什么呢？就是当你放下认同而成为"灵里贫穷"的人时，你会有的那个简单但是深远的本体的喜悦。

这就是为什么在西方和东方，弃绝所有世俗的财产，一直都是一个古老的灵修传统。然而，弃绝财产并不能自然而然地将你从小我中解脱出来。小我会试图借由认同于其他事物，而维持它的生存。比方说，它可能会认同于这样的一个心理形象：我超越了对物质世界所有的兴趣，所以我比其他人更为优越，而且更有灵性。有些人虽然弃绝了所有俗世的财产，但他的小我却比一些百万富翁还大。如果你拿走了一种认同，小我很快地会找到另外一种。小我基本上不在意它认同的到底是什么，只要有个身份就可以了。反消费主义或是反对私人财产制也不过是另一种念相，另一种心理的立场，可以用来取代对财产的认同。经由这些念相，你可以视自己是"对的"而其他人是"错的"。我们接下来就会探讨到，"让你自己对而其他人错"是小我主要的一个心智模式，也是无意识的一个重要形式。换句话说，小我的内容可以改变，但是让小我存活下来的心智结构却永远不会改变。

　　有一个无意识的假设是：经由拥有权的幻相而认同于某一物件——那个外在看起来坚实而永续存在的物质性的实体，会赋予你同样坚实而永续的自我感。这最适用于建筑物，尤其是土地，因为土地是你认为唯一可以拥有而不会被摧毁的。拥有某个物件这个概念的荒谬性在土地上尤其明显。当年白人入侵的时候，北美的土著们觉得"拥有土地"这个概念完全不可理解。所以当欧洲人让他们签署几张纸，使他们丧失了土地的时候，对他们来说也是同样地不可理解。他们觉得他们是属于土地的，但土地不属于他们。

　　小我通常是把"拥有"等同于"存在"（being）：我拥有，所以我存在（I have, therefore I am）。所以我拥有越多，"我"的存在就越多。小我经由比较而生存，别人如何看待你会变成你看待自己的方式。如果每个人都住在豪宅里，或是每个人都很有钱的话，你的豪宅或财富就再也无法加强你的自我感了。你可能到时候会搬到一个简单的小屋，放弃你的财富，重新获得一个身份：视你自己（同时在他人眼中）为比较有灵性的人。别人如何看待你变成了一面镜子，告诉你：你是什么样子以及你是谁。小我的自我价值感，在大多数的情况下，是受限于别人眼中的你的价值。你需要别人来给你一个自我感，而如果你所处的文化背景中，大多数的人都是把自我价值等同于你有多少和你有什么，而你又无法超越这个集体迷思的话，你终其一生都注定会去追求一些事物，无望地在那里寻求你的价值和完整的自我感。

你如何放下对事物的执著呢？试都别试了，这是不可能的。当你停止在事物中寻找你自己的时候，那个对事物的执著自然而然会消失。与此同时，只要觉知到你对事物的执著就可以了。有时你不会意识到自己对事物的执著（认同），直到你失去了它们，或是面临失去的威胁。如果那个时候你生气了，或者开始焦虑等等，那就表示你对它们是执著的。如果你觉知到自己认同于某个事物的话，那个认同本身就已经不完整了。"我是那个觉察到自己有执著的觉知。"这就是意识转化的开始了。

欲求（wanting）："需要更多"的需求（the need for more）。

小我认同于拥有，但是它在拥有中获得的满足只是相对肤浅而且短暂的。在它之内深藏着一个不满足感，不完整感，匮乏感。"我所拥有的还不够。"而小我真正的意思是："我还是匮乏的！"

如同我们所见，"拥有"这个概念，是小我创造的幻相，为的是要给自己一个坚实而永续的感觉，好出类拔萃，显得与众不同。既然你无法在"拥有"当中找到自己，那么在小我的结构之下，还有一个更强大的驱动力："需要更多"的需求，我们也可以称之为：欲求。如果没有"需要更多"的需求的话，小我是无法长存的。因此，"欲求"比"拥有"更能让小我长存。小我想要"拥有"（have），但是它更想要"需求更多"（want more）。所以"拥有"所带来肤浅的满足感，总是会被更多的欲求所代替。这里谈的是心理上的"需要更多"，也就是说，需要更多的东西让小我来认同。这是一个有瘾头的需要，不是真正的需要。

有些个案中，小我的典型特征：心理上"需要更多"的需求，或是匮乏的感觉，会转移到身体的层面，而变成无法满足的饥饿。暴食症的患者常常故意让自己呕吐，以便能够继续吃。其实饿的是他们的心智，不是身体。这种饮食失调的患者是可以被治愈的，只要他们能够不去认同他们的心智，而去和他们的身体有所联结，同时感受到身体真正的需求，而不是小我心智的假需求。

有些小我知道他们要的是什么，继而以残忍无情的手段和决心来追寻他们的目标——成吉思汗，斯大林，希特勒，就是几个特别著名的例子。然而，在他们欲求能量的背后，产生了一个同样强度的对抗能量，最终导致他们的衰败。同时，他们造成了自己和其他很多人的不幸，或是说（在这几个著名的例子中），在人间创造了地狱。大多数的小我有着矛盾的欲求，它们在不同的时候需要不同的东西，或是根本不知道它们要什么，只知道它们不要事物的本然（what is）：当下的时刻。不安、烦躁、沉闷、焦虑、不满足，都是无法填补的欲求所造成的结果。欲求是结构性的，所以只要这个心理结构存在，无论多少内容都无法提供持久的满足。我们常常可以在青少年当中（他们的小我还在发展阶段）找到没有特定目标的强烈欲求，其中有些人会永久处在负面和不满足的状态。

如果不是贪婪的小我病态而无止境的需要更多，因而造成资源的不平衡，人类对于食物、水、住所、衣服等基本舒适状态的实际需求，在这个地球上都可以很轻易地被满足。小我还在这个世界上的经济结构中找到了集体表达的方式，像一些大型公司，它们就是为了需要更多而互相竞争的小我实体。它们唯一盲目的目标就是利润，它们绝对冷酷无情地追求那个目标。大自然，动物，人类，即使是它们自己的员工，都不过是资产负债表上的数字和可供它们使用的无生命物体，用完后就丢弃。

这几个念相："我"、"我的"、"比……更多"、"我要"、"我需要"、"我一定要"、"不够"都是属于小我的结构而不是内容。内容是可以互换的，如果你不能在你之内认出这些念相，如果它们始终在无意识中，你就会相信它们说的话，你也一定会把这些无意识的思想付诸行动，而最后注定会求而不得。因为当这些念相在运作时，没有任何物件、地点、人，或是状况可以让你满足。只要这个小我的结构存在，就没有任何内容可以满足你。无论你有什么或得到了什么，你都不会快乐。你会一直追寻其他的事物——那些许诺可以提供更大满足、让你自我感更完整，同时可以填补你内在匮乏感的事物。

与身体的认同

除了物质之外，另外一个基本的认同形式就是"我的"身体。首先，身体是男性的，或是女性的，所以身为一个男人或是女人，就占据了一个人自我感很大的一部分；性别也变成了一种身份认同。鼓励性别认同从童年就开始了，它迫使你进入一个角色，进入一个被制约的行为模式，因而影响你生命的所有层面，这还不光是性别而已。这是很多人都深陷其中的一个角色，尤其是在一些比较传统的社会中更为严重，相较之下，西方国家的性别认同则已经开始有些淡化了。在一些传统文化中，对一名女性而言，最糟糕的命运就是不婚或是不孕，对一名男性来说，就是性无能而导致无法生育。生命的成就在于你是否能够完成性别认同下对于成就的要求。

在西方，你认为你是谁的那种自我感，有很大一部分是来自于身体的外表形相：它的优点或缺点，和别人相比是被视为美丽还是丑陋。对很多人来说，他们自我价值感是和他们身体的优势、好看与否、体能、外表密切相关。如果他们认为自己的身体不好看或是不完美，自我价值感就会缩减。

在有些情况下，关于"我的身体"的心理形象或概念会完全与现实脱节。一个年轻女孩也许认为自己超重而拼命节食，但是事实上她很瘦。她无法看见自己的身体了，她所"看见"的，只是关于她身体的一个心理概念，那个心理概念说："我很胖"或是"我将会很胖"。

这种情况的根源就是对心智的认同。随着人们愈来愈认同于他们的心智，也就是小我功能失调的情形愈来愈严重，近几十年来厌食症的情况也戏剧性地增加。如果患者能够不受心智评断的困扰而看待自己的身体，或是辨认出这些评断的真面目而不相信它们，或更好的情况就是：如果她能够从内在去感受她的身体的话，她的疗愈就会开始了。

那些认同于自己好看的外表、身体优势或能力的人，当这些特质开始消退或是消失的时候（当然它们迟早会），他们就会受苦。他们对这些如此地认同，然而现在却面临了崩溃瓦解的威胁。无论是丑还是美，人们的身份认同很大一部分是来自于他们的身体，无论是正面的还是负面的。更精确地说，他们从那个"我—思想"来汲取自我感，而"我—思想"却错误地与身体的心理形象或是概念联结。身体的形象或概念最终不过是一具肉体的形相，和其他所有的形相一样，都是无常而且最后会腐朽的。

把这个注定会变老、凋零、死亡的物质感官觉受的身体视为"我"，迟早会导致受苦。避免与身体认同并不是说要你忽略、轻视或是不照顾你的身体。如果它强壮、美丽或是有活力，你当然可以享受并珍惜这些特质——当它们还在的时候。你也可以经由正确的饮食和运动来改善身体的状况。如果不把你的身体等同于你是谁的话，当美丽消逝、活力减退或是身体不适的时候，丝毫不会影响你的价值感或是身份认同。事实上，当身体开始衰弱的时候，无形的向度，也就是意识之光，可以更加容易地从衰退的形体中闪耀出来。

并不是只有好的或是接近完美身体的人才会把身体视为他们的身份认同。同样的，你也可能轻易地认同于一个有问题的身体，而把身体的不完美、疾病或残缺当成你的身份认同。你可能认为自己是某种慢性疾病或残疾的"受害者"，也会这样描述自己。你从医生或是其他人那里因此可以获得很多的关注，他们也经常地帮你确认：你概念上的一个身份认同就是一个"受害者"或是"病人"。然后你就会无意识地依附于这个疾病，因为它已经成为你自我认知的身份中最重要的一部分，也是另一个小我可以认同的念相。一旦小我找到了一个身份认同，它就不会轻言放弃。令人惊讶但常见的是，为了寻求一个较强的身份认同，小我可能，而且也会创造出一些疾病，好让自己经由它而变得更加壮大。

感觉内在身体

虽然身体认同是小我最基本的一种形式，但好消息是：它也是你最容易超越的一种形式。这不是借由说服自己：你不是你的身体，而是借由注意力的转移——把注意力从对身体的外在形相，以及你对自己身体的想法：美丽、丑陋、强壮、衰弱、太胖、太瘦等，转移到对身体内在生命力的感觉。无论你身体外在的表象是什么，超越了这个外相，它就是一个强大而且活生生的能量场。

如果你对"内在身体"的觉知不是很清楚的话，闭上你的眼睛，然后试着去感受在你的双手中是否有生命。不要问你的心智，它只会说："我感觉不到什么。"或许它还会说："给我一些比较有趣的东西来想吧！"所以不要问你的心智，直接去感受你的双手。我的意思是：去觉知你双手中那种细微的生命力的感受。它的确是在那里。你要做的只是带着注意力去留心它。刚开始也许你会有轻微的麻麻的感觉，然后你可以感觉到能量或是生命力。如果你专注在双手一段时间，那个生命力的感觉就会更强了。有些人甚至不需要闭上眼睛。在读到这一段的时候，他们就可以同时感受到"内在双手"。

然后你把注意力带到双脚，在那里保持注意力大约一分钟，接着开始同时感受你的双手和双脚。然后试着把身体的其他部位：双腿、双臂、腹部、胸部等，一起带进那个感觉之中，直到你能够全面地感受到你内在身体的生命力。

我称之为"内在身体"的东西，其实不是真正的身体，它是一个生命能量，介于形相和无形之间的桥梁。养成习惯尽可能常常去感受你的内在身体。一段时间之后，你就不需要闭上眼睛才能去感受它了。举例来说，试试看你是否能够在倾听别人说话时感受内在身体。看起来它好像是矛盾的：当你和你的内在身体联结时，你就不再去认同你的身体，也不会认同于你的心智。也就是说，你不再认同于形相，而是从对有形的认同转移到对无形的认同，也就是对本体的认同，这才是你真正的本质身份。身体觉知不但可以让你安住在当下时刻，它也是可以跳出小我桎梏的大门。它同时可以强化你的免疫系统和身体的自愈力。

对本体的遗忘

小我始终都是与形相认同,在形相中寻找自己,而又在其中迷失。形相不仅是物质的事物和肉体,比外在形相(物体和肉体)更基本的一个形相,就是不断地从意识的场域中升起的念相。它们是由能量形成的,比物质的事物来得精细,也较不稠密,但是它们还是一种有形的形相。你能够觉察到的、那个喋喋不休的"脑袋里的声音",就是那个不间断的、强迫性的思想续流。当每一个思想完全霸占了你的注意力,当你如此地认同脑袋里的声音和伴随它的情绪时,你就在每个思想和情绪中迷失了自己,于是你就完全地与形相认同,完全受制于小我。小我是不断重复的念相和被制约的心理——情绪模式的集合体,我们在这些念相和模式中,投注了很多自我感。当你的本体存在感(意即本我感——I am 这种无形意识)和形相搞混在一起时,小我就升起了。这就是认同的意思,这就是遗忘了本体,这个主要的错误,就是绝对分离的幻相,把实相变成了梦魇。

从笛卡儿的谬误到沙特的洞见

被认为是现代哲学创始人的 17 世纪的哲学家笛卡儿,曾经在他视为重要真理的名言中表达了我们上述的主要错误："我思，故我在。"这是他因应一个问题而找出的答案，那个问题是："有什么事情是我可以绝对确知的？"他理解到一个事实，那就是：他始终都在思考，这是毋庸置疑的，因此他就把思考等同于本体，也就是说，把本我的身份认同，等同于思考。他找到的其实是小我的根源，而不是最终的真理，但是他丝毫不知情。

将近三百年后，另外一位知名的哲学家看出了那个名言中，笛卡儿和其他所有人都忽略的端倪。这位哲学家的名字叫沙特。他深入探讨笛卡儿"我思故我在"的名言，然后突然领悟到，用他自己的话来说就是："那个说'我本是'的意识，不是从事思考的意识。"他说的是什么意思呢？当你能够觉知到你自己在思考，那个觉知就不是思考的一部分。它是一个不同向度的意识，而就是那个觉知在说"我本是"的。如果在你之内除了思想之外别无他物，你就根本不会知道你在思考。你会像一个做梦的人一样，不知道自己在做梦。你会认同于每一个思想，就像做梦的人认同梦中的每个景象一般。很多人其实就是那样生活着，像梦游者一样，受限于老旧的功能失调的心智模式，继续不断地重新创造相同的噩梦般的现实。当你知道你在做梦的时候，你就在梦中清醒了，另外一个向度的意识进来了。

沙特的洞见影响深远，但是他自己还是太过认同于思考，以至于无法了解他洞见的重要全貌：一个正在浮现的新向度的意识。

超越所有理解的平安

有很多人是在生命中的某个时期,在悲惨的损失之后,才经历到这个正在浮现的新向度的意识。有些人失去了所有的财产,有些人丧失了孩子或配偶,或是失去了他们的社会地位、名誉或是身体机能。有些情况是,经由灾难或战争他们同时失去了以上所有的东西,然后发现他们一无所有。我们可以称这种情形为"极限状况"。他们以前所认同的所有事物,所有给他们自我感的,都被拿走了。然后,事出突然并且不可思议的是,原先他们感受到的极度痛苦和强烈恐惧竟然撤退了,随之出现的是神圣的临在感,一种深沉的平安与宁静,以及从恐惧中完全的解放。这个现象对圣保罗来说一定很熟悉,因为他曾说:"神的平安是超越所有理解的。"它看起来的确是一种不可理喻的平安,经历到它的人会问自己:在这种情况下,我怎么可能还会感到如此平静?

一旦了解到小我的真面目和它运作的方式,答案就很简单了。当你认同的形相、那些给你自我感的东西崩溃瓦解或是被剥夺了,这会导致小我的崩溃瓦解,因为所谓的小我就是与形相认同。当没有任何事物可以让你认同的时候,你是谁呢?当你周围的形相全都瓦解或是死亡迫在眉睫的时候,你的本体感,本我感,就从形相的束缚中解放出来了:灵性也从物质的束缚当中被释放了。你领悟到你真正的身份是无形无相的,是无所不在的临在,是在所有形相、所有认同之前就存在的本体。你了解到你真正的身份就是意识本身，而不是意识所认同的那些事物。这就是神的平安。关于你本质的最终真理，不是你是这或你是那，而是"我本是"。

并不是每一个经历到巨大损失的人都会体会到这样的觉醒过程：从与形相的认同中解离。有些人很快地就会创造一个强烈的受害者的心理形相或念相——无论是情势下的受害者，还是因为其他人、不公平的命运，或是神而造成的受害者。这些念相和它所产生的情绪，像是：愤怒、怨恨、自怜等，会让他们强烈地认同，而这也会立刻代替那些在损失当中瓦解的其他认同。换句话说，小我很快就找到了一个新的形相来认同。这个新的形相事实上是极端不快乐的一个形相，但是小我却不在乎。无论是好、是坏，只要它有个身份就可以了。事实上，这个新的小我会比旧的小我更紧缩、更僵化，而且更不可理喻。

当悲惨的损失发生时，你不是抗拒它就是顺应（yield）它。有些人变得尖酸刻薄或是怨天尤人，有些人则变得慈悲、智慧并充满爱。顺应指的是在内在接受事物的本然（what is）——你对生命是敞开的。抗拒是一种内在的收缩，更加坚韧了小我的外壳——你是封闭的。在内在的抗拒下你所采取的行动（我们可称之为负面的）将会产生更多外在的抗拒，宇宙也不会站在你这边，生命也不会帮助你。如果门窗都关闭了，阳光是无法照耀进来的。当你内在能够顺应、能够臣服的时候，一个新向度的意识开启了。如果有可能或必须采取行动的话，你的行动将是和整体一致，而且具有创造力的智性会支持你。这个具有创造力的智性，是在内在敞开的状态下与你合一的那个不受制约的意识。周围的情势和人们都会开始帮助你，与你合作。巧合自然地发生了。如果当时不能采取任何行动的话，你会在随着臣服而来的平安与内在定静中安歇，在神之中安歇。

第三章
小我的核心

很多人对于他们脑袋里的声音是如此的认同——那个不间断的、不自主的、强迫性的思想续流，还有随之而来的情绪——我们可以形容这些人是被他们的心智占据的。如果你对此毫无觉知，就会认为你自己就是那个思考者。这就是小我的心智。我们称它为"小我的"（egoic），因为在每个思想——每个记忆、每个阐释、意见、观点、反应和情绪里，都有一个自我感（小我感）在其中。从灵性的角度来说，这就是所谓的无意识。你的思想，你心智的内容，当然是被过去所制约的，过去是指：你的教养、文化、家庭背景等。你心智所有活动的最核心包含了一些重复和持续的思想、情绪和反应模式，这些都是你最强烈认同的。这个实体就是小我的本身。

在大多数的情形中，当你说"我"的时候，其实就是小我在说话，而不是你，我们在前面已经看到了。它包含了思想和情绪，还有一堆你认同为"我和我的故事"的回忆，还有你不自知而习惯性扮演的角色以及一些集体的认同，像国籍、宗教、种族、社会阶级、政治立场等。它还包括了个人的认同，不仅是认同于个人拥有的东西，还包括个人意见、外表、长久以来的怨恨，或是关于你自己比别人好或是不如别人，还有自己是成功或是失败的概念。

小我的内容因人而异，但是在每个小我中运作的结构都是一样的。换句话说：小我的差异只是在表象，深究之下都是一样的。它们是怎么样相同的呢？它们都是靠认同和分离为生。当你透过小我而活的时候（小我是心智制造的自我，由思想和情绪组成的），你身份的基础就是不可靠的，因为思想和情绪的本质就是短促而稍纵即逝的。所以每一个小我都不断地在为生存而挣扎，试图保护和扩大自己。为了要维护"我——思想"，它需要一个相对的思想——他人。概念上的"我"，如果没有一个概念上的"他人"的话，就无法存活。当我视这些"他人"为敌人的时候，他们是最与我分离的。在这个无意识小我模式天平的一端，是小我强迫性地责怪、埋怨别人的习惯。耶稣对此也曾说过："为何你只看见你弟兄眼中之刺，而看不到自己眼中的梁呢？"在天平的另一端，是个人之间的暴力行为和国家之间的战争。在《圣经》中，耶稣问的这个问题从未得到回答，但是答案当然应该是：因为当我批评或责怪他人的时候，我觉得有优越感，也比较强大。

抱怨与怨恨（resentment）

抱怨是小我最喜欢用来壮大自己的伎俩之一。每个抱怨都是心智制造的小故事，让你对它深信不疑。无论你是大声地抱怨，还是在脑海中抱怨都一样。有些找不到太多对象可以认同的小我，只凭着抱怨便可以轻易地生存。当你被这种小我牢牢掌握的时候，抱怨，尤其是对他人的抱怨，就成为一种习惯，当然，也是一种无意识的习惯，也就是说，你并不知道自己在做什么。为他人贴上负面的心理标签，无论是当着他们的面，或通常是在别人面前蜚短流长，或是光在心里上为他们贴上标签，都是抱怨行为模式的一部分。骂人就是这种贴标签和小我寻求理直气壮、凌驾他人的行为当中，最为粗俗的一种："笨蛋、混蛋、婊子"——如此斩钉截铁的判定，让人无力辩驳。这个无意识行为尺度的下一个层次，就是叫嚣、痛骂，紧接着就是暴力行为了。

怨恨是伴随着抱怨和为人贴标签而来的情绪，它会为小我增加更多的能量。怨恨就是感到苦恼、愤慨、委屈或是受侵犯。你会因为他人的贪婪、不诚实、不正直、现在的作为、以前做过的事、说过的话、未能达成的事、应该做或不应该做的事，而心怀怨恨。小我最爱这一套了。你不但没有忽视他人的无意识，反而还把它变成他们的身份认同。是谁在这么做的？就是你内在的无意识，也就是小我。有时候，你在别人身上看到的"错误"其实根本不存在。它完全是个误解，是受到制约的心智为了树敌，为了显示自己是对的或是较为优越的，而投射出来的。有些时候，这种他人的错误可能确有其事，但是你愈聚焦于它，有时甚至排除了所有其他的事物，就会愈加地扩大它。你对他人内在事物所产生的反应，会强化你自己内在同样的事物。

对他人内在的小我不予反应（nonreaction），是让你超越自身小我，同时化解人类集体小我最有效的方法之一。但是，只有当你能够辨认出他人的行为是出自于小我，亦即出自于人类集体功能失调的一种表现时，你才可能真正处于"不予反应"的状态。当你明白他人的行为不是冲着你而来时，你原先想要反应的那股冲动就消失了。若对小我不予反应，你就能够时常启发别人内在健全的心态，所谓健全的心态，就是不被制约的意识，而非被制约的意识。有时候，你或许会采取一些实际的行动，以保护自己不受无意识者的侵害。但是当你这么做的时候，毋须将他们变成敌人。然而，你最大的保护，就是保持意识临在的状态。当你把人家的无意识（也就是小我）看成是针对你个人时，就会把对方视为敌人。不予反应不是示弱，反而是显强。不予反应的另一种表达词汇是宽恕。宽恕就是去忽略（overlook），或是去看穿。当你看穿了小我，就能够直视到每个人内在都具有的本质——健全的心态。

小我喜欢抱怨、感觉怨恨，不仅是针对个人，也会针对处境。你针对他人所产生的反应，也会用在针对处境上：把处境视为敌人。它的含义就是：这种情况是不应该发生的，我不要在这里，我不要做这件事；我受到了不公平的待遇。当然，小我最大的敌人就是：当下时刻，也就是说，生命本身。

提醒别人他们所犯的错误或不足之处以促其改进，和抱怨是两码事，不可混为一谈。避免抱怨不尽然就是必须忍受不好的质量或是行为。当你请服务生把冷的汤加热的时候，小我并不存在于你的话语之中，只要你谨守事实，事实永远是不偏颇的（neutral）。"你竟敢上冷的汤给我……"这就是抱怨了。在这句话之中，有一个乐于被一碗冷汤刻意侮辱的我，而且还打算利用这个机会大肆渲染一番，这个"我"也十分享受指责别人犯错的乐趣。这里所讨论的抱怨是为小我服务的，而不是真的为了要"改变"什么。有时候很明显，小我并不是真的想要有所改变，因为这样它才能继续抱怨个不停。

看看你是否能抓住（也就是去注意）那个脑袋里的声音，也许就在它开始抱怨的时候，辨识出它的真实身份：小我的声音。它不过是一个被制约的心智模式，一个念头罢了。当你注意到那个声音的时候，你也会了解，其实你并不是那个声音，而是觉察到那个声音的人。事实上，你就是觉察到那个声音的觉知。在背景当中，有觉知的存在；而在前台，则是那个声音，那个思考者。如此一来，你就从小我中获得释放，也从那个未受观测的心智中释放出来了。从你觉察到内在小我的那一刻起，严格来说，它就不再是小我，而只是一个旧有的、被制约的心智模式。小我指的就是无觉知。觉知和小我无法共存。旧有的心智模式或习惯可能还是会在一段时间内存活并重现，因为它有着几千年以来人类集体无意识的动能在背后撑腰，但是它每被辨认出来一次，就会被削弱一次。

情绪反应（reactivity）和怨气（grievances）

通常，怨恨是伴随着抱怨而来的情绪，但它也可能带来另一股更强烈的情绪，例如怒气或是其他形式的苦恼。如此一来，它的能量负荷就会愈来愈高（highly charged energetically），抱怨就会变成较为激烈的反应。这是小我用来强化它自己的另一种方法。很多人随时都在等待下一件让他们产生情绪反应、让他们感到苦恼或是烦扰的事，而通常要不了多久他们就会如愿以偿。"这真是太过分了，"他们说，"你竟敢……""我最痛恨这种事了。"他们对苦恼和愤怒上了瘾，就像有些人对用药上瘾一样。经由对周遭事物的激烈反应，他们坚定并且强化了自我感。

一股长存于心的怨恨称为怨气（grievance）。心存怨气就是处于一种长久的"对抗"（against）状态，这也就是为什么怨气是组成很多人小我主要部分的原因。集体怨气可以在一个国家或民族的心灵中长存数百年，并且助长永不止息的暴力循环。

怨气是一种与遥远的过去事件有关的强烈负面情绪，那件过去的事得以持续存在的原因，是因为人们的强迫性思考、不断地在脑海中重现事情的经过或是大声地对人述说"某某人对我做了些什么"，或是"某某人做了什么对不起我们的事"。怨气同时也会污染我们生命的其他领域。比方说，当你想到或感觉到怨气的时候，它的负面情绪能量就会扭曲你对某一件当下正在发生之事的看法，或是影响到你现在对某人说话和行为的方式。一股强烈的怨气足以污染你生命的绝大部分，而且让你在小我的掌控下动弹不得。

你必须抱持诚实的态度，才能知道你是否还在豢养怨气，或是生命中是否还有你无法完全原谅的人，也就是所谓的"敌人"。如果是这样的话，请你在思想和情绪层面去觉察那股怨气，也就是说，去觉知那个让怨气存活的思想，同时，去感受你的身体对这些思想的反应，也就是你的情绪。不要试着放下那股怨气。试图去放下、去宽恕，是没有用的。当你明白怨气只会加深虚假的自我感、让小我继续存活，此外别无他用的时候，宽恕自然会产生。只要看见了，就能释放。耶稣的教诲中说道："宽恕你的仇敌。"其实就是去消除人类心智中小我的主要结构。

过去的事是无法阻止你在当下保持临在的。只有你对过去的怨气能够阻止你。那么到底什么是怨气呢？它就是旧有思想和情绪的一个负累（baggage）。

我是对的，别人是错的

抱怨、挑毛病和过度反应都会加深小我赖以存活的界限感和分离感。这些态度也会借由另外一种方式强化小我，那就是：给予小我赖以茁壮的优越感。抱怨交通阻塞、政客、贪婪的有钱人或懒惰的失业者，抱怨你的同事、前妻前夫或是其他男男女女，并不会让你立刻明白抱怨如何能够带来优越感。那么，这个优越感从何而来呢？其实，当你抱怨的时候，你是在暗示你是对的，而你所抱怨或反感的对象或情况是错的。

没有任何东西比"我是对的"更能强化小我。"我是对的"就是认同于一种心态——一个观点、一个意见、一个评断或一个故事。当然，为了让你觉得自己是对的，就必须让他人变成错的。所以，小我喜欢让他人是错的，好让自己变成对的。换句话说：你必须让他人错，才能获致更强烈的自我感。不仅是针对人，经由抱怨和反应，有时也会让某种情况变成是错的，意指："这种事情是不应该发生的。""你是对的"将你放置在一个幻想的道德优越感上，优于那个正被你批判和需要的人或是情况。小我渴望的就是这种优越感，而经由它，小我强大了自己。

与幻相抗衡

事实的存在是毋庸置疑的。如果你说："光速比音速快。"而另一个人抱持相反的说法，那么，显然你是对的，而他是错的。只要观察闪电比雷声先到的现象，就可以确认这个事实。所以不但你是对的，而且你确信你是对的。有没有任何小我掺杂其中呢？也许有，但却不必然。如果你只是简单地陈述你以为是真的事实，小我并不会包含在其中，因为在此并没有认同的问题。认同于什么呢？认同于心智和一个心理的立场。然而，这种认同很容易就会渗透进来。如果你说："相信我啦，我确定。"或是："为什么你从来不相信我？"那么小我就已经渗透进来了。它藏身在"我"这个不起眼的字的后面。一个简单的陈述："光速比音速快。"即使是千真万确的，现在却已经用来服侍那个幻相（小我）了。这个事实已经被那个"我"的虚假感所污染，变成是针对个人的，也成为一种心理的立场。由于有人不相信"我"说的话，那个"我"就感觉被贬低或是被冒犯了。

小我觉得每件事情都是冲着它来的。情绪因此而起，防卫性的心理，甚至攻击性都会出现。你是在防卫真理吗？不是的，在任何情况下，真理都是不需要防卫的。光，或是声音，根本就不在意你或者其他人心里是怎么想的。你只是在防卫你自己，或者说，你是在防卫那个自我的幻相，一个心智制造的替代品。也许这么说更正确：这个幻相在防卫它自己。如果如此简单而直截了当的事实范畴，都会导致小我的扭曲和幻觉，那么，更抽象范畴内的意见、观点和评断的那些念相，就更容易和自我感混淆了。

小我常常把意见、观点与事实搞混。尤有甚者，它甚至分不清楚某件事情本身和它对事情的反应这两者之间的差异。每个小我都是"选择性认知"和"歪曲理解"的大师。唯有经由觉知，而非思考，才能分辨事实和意见的不同。只有经由觉知你才能认清：在那一头是境况的本身，而在这一头是我对它产生的愤怒情绪，然后你才会明白，还有其他的方式可以处理、看待和交涉这件事情。只有经由觉知，你才能看见某件事情或某个人的全貌，而不会采取一个受限的认知角度。

真理：相对或是绝对的

除了简单而且可验证的事实范畴之外，坚持"我对你错"对人际关系以及国家、种族和宗教间的互动来说，是一件很危险的事。

但是如果这种"我对你错"的信念是小我强化它自身的一种方式，而且，如果"你对，而别人错"是让分离与冲突永存于人类社会的一种心理功能失调的话，这是否意味着世上没有所谓对与错的行为、行动或是信念了呢？而这是否就是被某些当代基督教的教义视为本世代最大恶魔的"道德相对论"呢？

当你相信拥有唯一的真理，也就是说，当你认为自己是对的时候，就会腐化你的行为和行动而走向疯狂，整个基督教的历史就是这种情形的主要典范。几百年来，虐待和焚烧活人的行为被视为"对"的，即使只是因为这些人的意见与教会教条及文献的偏狭解释（也就是所谓的"真理"）稍有不同。这些受害者是"错"的，而且他们"错"

得如此离谱，所以必须受死。真理竟然比人命来得重要，那么这种所谓的真理又是什么呢？它只是你不得不去相信的一个故事，也就是说，不过是一堆思想罢了！

被柬埔寨的疯狂独裁者波尔布特下令处决的100万人中，包括了所有戴眼镜的人。为什么呢？因为对他来说，马克思阐释的历史就是绝对真理，而根据马克思的观点，戴眼镜的人是属于知识分子的中产阶级，农民的剥削者。他们必须要被消灭，好让新的社会阶级能够出现。他所谓的真理，不过就是一堆思想罢了！

道德相对论是一种信念，认为世上并没有绝对的真理可以指导人类的行为。所以，天主教和其他教会将道德相对论视为我们这个时代的大恶魔，这种看法其实是正确的。但是，你无法在绝对真理不存在之处寻求真理，例如在教条、意识形态、制定的教规或是轶事之中。这些东西的共通之处是什么呢？它们都是由思想组成的。思想最多只能指向真理，但它本身永远不会是真理。这就是为什么佛教徒说："指向月亮的手指不是月亮。"所有宗教都是对的也都是错的——取决于你如何使用它们。你可以用它们来服侍小我，也可以用它们来为真理服务。如果你坚信只有你的宗教才是唯一的真理，那就是在用它服侍小我。当你如此使用它的时候，宗教就变成一种意识形态，同时产生了一种虚幻的优越感以及人与人之间的分离和冲突。当宗教教义用来服侍真理时，它就像是觉醒的先知们留传后世帮助你灵性觉醒的路标或是地图，而灵性觉醒就是指：从对形相的认同中解放。

其实世上只有一个绝对真理，其他的真理都是从它衍生出来的。当你能够找到那个真理的时候，你的行动将会和它一致。人类行为反映的不是真理就是幻相。真理可以用文字来描述吗？是的，不过这些文字，当然不是真理本身。文字只能够指向真理。

真理与你的本质（who you are）是无法分开的。是的，你就是真理。如果你只在他处寻求，那么每一次都会被误导。你原本即是的那个本体，就是真理。耶稣曾试着传达这个意思，他说："我就是道路、真理和生命。"如果能够正确地理解，那么出自耶稣之口的这些话，就是导向真理的最有力和最直接的指标。然而，如果被误解了，它就会成为最大的障碍。耶稣提到内在最深处的那个本我（I am），即是每一个人——无论男女，都具有的本质身份。事实上，所有的生命形式也都有。他谈到了你原本即是的那个生命。有些基督教的神秘学派称它为内在的基督；佛教徒称它为你的自在佛性；印度教称它为生命之源（Atman）——常驻内在的神。当你和那个内在向度有所接触的时候（实际上，和它有所接触应该是你的自然状态，而不是奇迹般的成就），你所有的行动和人际关系都会反映出你内心深处感受到的与所有生命的合一。这就是爱。律法、诫命、规条和制度只对那些和自我本质（内在真理）分离的人来说有其必要。它们可以防止小我的过度膨胀，但是却常常做不到。"做你爱做的事，爱你做的事。"圣奥古斯汀这样说。这是言语所能表达最接近真理的说法了。

小我是无关乎个人的（personal）

在集体的层面来说，"我们是对的，他们是错的"的这种心态，特别深植于世界上的某些地区。在这些地区中，两个国家、种族、部落、宗教或是意识形态之间的冲突是长久的、极端的和地方性的。冲突的双方都认同于他们自己的观点，自己的"故事"，也就是说，与他们的思想认同。双方都无法了解：不同的观点或是另外版本的故事也可能存在，而且同样地有理。以色列的作家哈乐维谈到了包容"对立表述"（competing narrative）的可能性，但是在世界上很多地区，人们还无法或是不愿意这么做。双方都认为自己拥有真理。双方都认为自己是受害者，而对方是"恶魔"，因为他们都把对方概念化了，从而敌化对方，否定对方的人性，因此他们可以杀害对方，在对方身上加诸各种暴力，甚至连孩童都不放过，而丝毫感受不到对方的人性和痛苦。这些人受困于一种疯狂的循环当中：侵略与报复、行动和反应。

在这里我们很明显地看到，人类的小我在集体状态下——"我们"与"他们"的对抗，比个人的小我——"我"，更加疯狂，不过两者背后的机制是一样的。至目前为止，人类相残之中最为严重的暴力不是罪犯或丧心病狂者造成的，而是正常、受人尊敬的公民为了服侍集体小我而做出来的。我们大可以说，在这个地球上，"正常"就等于疯狂。在这个疯狂底下的根源到底是什么？答案是：完全与思想和情绪认同，也就是说，与小我认同！

贪婪、自私、剥削、残酷和暴力在这个星球上仍然无所不在。如果你不能体认这些事情就是内在（underlying）功能失调或心智疾病在个人和集体上的一种彰显的话，那么你就犯了将它们个人化（personalize）的错误。你会为某个人或某些团体建构一个概念上的身份，然后说："这个就是他。那个就是他们。"当你把在他人身上看到的小我和他们的身份混为一谈的时候，就是你的小我打算利用这个误解来强化自己，而强化它自己的方法就是：让自己是对的，进而比他人优越，还有就是以谴责、愤慨或较常用的怒气来对抗那个假想敌。对小我来说，这些都是让它极端满足的。它加强了你和别人的分离感，那个"排他性"的感觉被扩大到一个程度，使你无法再感受到你们共同的人性，也感受不到其实你和其他人都是源自于至一生命，也就是你们共同的神性。

在他人身上，使你产生最强烈的反应，同时让你误以为那就是他人身份的特定小我模式，与你内在的小我模式可能是相同的，只是你无法或是无意从内在感受到它。因此，你其实是可以从你的敌人身上获益良多的。从他们身上，你看到了什么是让你觉得最生气和烦扰的？是他们的自私？贪婪？权力和掌控他人的欲望？是他们的虚情假意、欺骗、暴力倾向或是其他你不喜欢的特质？当你对别人身上的特质感到厌恶而且反应激烈时，那些特质也都在你的身上。但是，那只不过是小我的一种形式，就其本身而言，它与个人是完全无关的。它与那个人是谁无关，它也和你是谁（你的本质）无关。只有当你误认它就是你自己的时候，在你之内观察它这件事才会危害到你的自我感。

战争是一种心态

在某些情况下，你也许会想要保护自己或是某些人以免受他人的伤害，但是，小心别让它变成所谓"扫除恶魔"的任务了，因为你很可能也会变成你正在抗争的对象。对抗无意识，会将你带入无意识的自我之中。无意识，也就是功能失调的小我行为，永远不会因为外来的攻击而消灭。即使你打败了你的对手，无意识还是会转移到你身上，而你的对手会以另外一种形式重新出现。无论你对抗的是什么，你的对抗都会让它更强大，而无论你抗拒的是什么，它都会持续。

最近这些日子，我们常会听到"反某某战争"的表述，然而，不论我听到的是什么，我知道它注定都会失败。例如，所谓的反毒品、犯罪、恐怖分子、癌症、贫穷等等的战争。举例来说，即使发动了反犯罪和反毒品战争，在过去二十五年间，罪犯和与毒品相关的违法行为仍然大幅地增加。1980 年，美国监狱的囚犯人数不到 30 万人，到了 2004 年，却增加到令人咋舌的 210 万人。对抗疾病的战争，为我们带来了包括抗生素在内的一些东西。起先这些药物是极端成功的，好像真的帮助我们战胜了传染病。而现在，很多专家都同意，抗生素的普及和滥用已经投下了一颗定时炸弹，对抗生素已经产生抗药性的各种病毒（所谓的超级病毒 superbugs），很可能会导致这些疾病的卷土重来，而且会造成大流行。根据美国医药学会月刊报道，医疗是美国社会的第三大致死原因，仅次于心脏病和癌症。顺势疗法（homeopathy）和中医是两种另类的疗法，它们并不把疾病视为敌人，因此，也不会再制造新的疾病。

战争是一种心态，所有从这个心态中衍生的行动，要不就是强化了敌人（被视为恶魔的一方），要不就是：即使赢了这场战争，反而创造出另一个新的敌人——和被打败的对手相同，或通常是更邪恶的恶魔。在你的意识状态和外在实相之间，有着一个非常深的互联性。当你被类似"战争"这种心态掌控时，你的认知能力不仅具有极端的歧视性（selective），而且会被扭曲。换句话说，你只会看见你想要看的，然后以错误的方式阐释。你应该可以想象得到，从这种妄想式的思想体系中所衍生的行动，会是什么样子。你也可以不去想象，只要看看今晚的电视新闻就知道了。

仔细地辨识小我的真面目：集体的功能失调，人类心智的病态疯狂。当你能认出小我的真面目时，就不会将它误以为是某个人的身份了。一旦你看出了小我的真貌，就不会轻易对它产生反应。也不会认为它是冲着你来的。那就不会再有抱怨、责难、控诉或是怪罪了。没有人是错的，只是某个人内在的小我在作祟罢了。当你能够明白人们或多或少都是为心智里的这个相同的疾病所苦的时候，慈悲心就油然而生了。你就不会再去助长小我人际关系中的戏剧事件（drama）。助长是什么意思呢？就是去反应（reactivity）。小我是因它而兴旺的。

你要平安还是戏剧事件

你要平安。没有人不要平安的。但是在你之内却有别的东西想要戏剧事件，想要冲突。你此刻可能无法感受得到。可能需要借由某件事的发生，甚或只是一个思想，来触动你内在的反应：例如，有人对你多方责怪、不认同你、侵犯你的领域、质疑你做事的方法、对金钱上的争执等等。这个时候，你是否感受到那股涌向你的巨大力量——恐惧的力量，有时候是隐藏在愤怒或敌意之下的恐惧？你是否能够听到自己的声音变得严厉或尖锐，或是很大声而且低八度的声音？你是否能够觉知到你的心智立刻冲上前去护卫它的立场，自圆其说，攻击或是责怪？换句话说，你是否能够在那一刻的无意识中觉醒？你是否感受到自己内在的某处正在交战，它觉得遭受了威胁，而且想要不计一切代价地求生存，它需要这个戏剧事件，以便声明它的身份——这场戏剧性演出中的胜利者角色。你是否可以感受到内在的某个部分，宁愿要公道而不要平安？

超越小我：你的真实身份

当小我在战争中时，你要明白它只不过是一个为了生存而抗争的幻相。那个幻相认为它就是你。一开始就想成为观察的临在（witnessing presence）并不容易，尤其是当小我正处于挣扎求存的状态，或是源自过去的某种情绪模式被触动了，但是，只要你尝试了一次，你的临在力量就会加强，小我也会失去对你的掌控。而此时，就会有一个比小我和心智更强大的力量进入你的生活中。如果想要从小我之中解放出来，只需要对它有所觉察，因为觉知和小我是无法共存的。觉知是隐藏在当下时刻的力量。所以我们也可以称它为临在（presence）。人类存在的最终目的，或者说是你的人生目的，就是要把这股力量带到世界上来。这也是为什么想要从小我之中获得解放这件事，不应该作为未来某个时间点应该达成的目标。因为只有临在才能将你从小我之中解放，而你也只能在当下的时刻临在，不能在昨天或是明天。唯有临在可以化解你内在的过去，因而转化你的意识状态。

什么是灵性的领悟？就是相信你是一个灵性的存在吗？不是的，这只是一个想法。这个想法只比你相信出生证明上你的身份的那个想法，更接近真相一点点而已，但它仍然只是一个想法。灵性的领悟就是清楚地看见：我所感知的、经验的、想到的、感觉到的，最终都不是我，我无法在这些稍纵即逝的东西当中寻找到我自己。佛陀应该是人类当中第一个看清楚这个事实的，因此无我（anata）就成了他教诲的中心思想之一。当耶稣说，"否认你自己"，他的意思是：去除（化解）自我的幻相。如果这个自我——小我——是真正的我，那么去否认它就是一件很荒谬的事。

认知、经验、思想和感觉在意识之光之中来来去去，而真正存留下来的只有意识之光。这就是本体，也是较深层的、真正的我。当我了解到了自我的真相时，在生活当中发生的事情都是相对的重要而不是绝对的了。我还是尊崇这些事情，但是它们已经失去了绝对的严肃性和沉重感。最终，唯一重要的就是：在我生活的背景中，我是否能够时时感受到我本质上的本体存在感，也就是所谓的"我本是"？更正确的说法就是：我是否能在此刻感受到"我即我本是（I am that I am）"？我是否能够感受到我本质上的身份就是意识本身？还是我会在眼前发生的事情、我的心智和这个世界当中迷失自己？

所有的结构都是不稳定的

无论以何种形式显现，小我背后的那个无意识的驱动力，都是为了要强化我自以为我是的形象——那个虚幻的自我。当那个既是祝福又是诅咒的思想开始接管我们，遮盖了我们与本体、源头和神联结时所产生的简单而深远的喜悦时，虚幻的自我就成形了。无论小我显现出来的行为是什么，背后潜藏的驱动力始终都是：渴望出类拔萃、显得与众不同、享有掌控；渴望权力、受人关注、索求更多。当然它同时也渴求分离感，也就是说，它需要对抗、需要敌人。

小我始终需要从他人或是某种情况中得到一些东西。它始终有着不为人知的议题；总有"还不够"、不足以及匮乏的感觉需要得到满足。它利用人们和各种情境来得偿所需的，然而即使达到目的了，它也不会满足很久。小我的目标时常受到挫折，而陷入"我想要"和"现实状况"两者的落差之中，这大部分就成为烦恼和痛苦的经常性来源。时下流行的经典名曲，《我无法得到满足》，(I can't get no satisfaction)，就是一首小我之歌。掌控小我所有活动的情绪根源，就是恐惧：担心成为无名小卒的恐惧、担心销声匿迹的恐惧、害怕死亡的恐惧。所有小我的活动最终都是为了要消除这个恐惧感，但是，它最多只能以发展亲密关系，获取新的财物，或是赢得各种胜利，而暂时地遮盖恐惧。幻相是永远无法满足你的。只有当你了解自身本质的真相时，才能从真相中获得自由。

人为什么会恐惧？因为小我是借由认同外在的形相而升起的，它也深切地明白：所有的形相都是无常而且稍纵即逝的。因此，小我的四周一直被不安全感围绕着，即使它的外表看起来是那么地信心十足。

有一次，我和朋友在加州马里布（Malibu）附近一处美丽的自然保护区散步，看到一栋乡村度假别墅的遗址；它是在几十年前的大火中烧毁的。当我们走近那栋满布树木和美丽植物的建筑时，小径旁的公园管理处告示牌上写着："危险，所有的结构都不稳固。"我对我的朋友说："这真是寓意深远的箴言（Sutra，神圣经典）。"我们站在那儿，心中满是敬畏。一旦你了解并且接受所有的结构（形相）都是不稳定的（即使是看起来如此坚固的物质），那么平安就会在你之内升起。因为当你体认到所有有形之物的无常时，你就会觉醒，并且进入你内在的无形世界，它是超越死亡的。耶稣称它为"永远的生命"。

小我对优越感的需求

你可以在他人身上，更重要的是在你自己身上，观察到小我很多细微而且容易被忽略的表现形式。记住：当你觉知到内在小我的那一刻起，所浮现的觉知就是超越小我的你的本质（who you are）——也就是更深层的"我"。辨识出假相就表示真相由此而生。

比如说，你正打算要告诉某人一则刚发生的新闻。"猜猜看发生什么事了？你还不知道吗？我来告诉你吧！"如果你够警觉、够临在的话，你可能在正要宣布这则新闻之前，感受到自己内在的短暂满足感，即使这是一则坏消息。这是因为在小我的眼中，那一刻你和他人之间产生了施与受的不平衡状态：在那短短的一刻，你知道的比别人多。那个满足感是来自于小我，而且是源自于你感觉到你的自我感此刻比别人强。即使对方是总统或教皇，你在那一刻有更多的优越感，因为你知道的比别人多。很多人对八卦特别上瘾，就是因为这个缘故。

不但如此，八卦通常带着对他人恶意的批评和判断，因此它也经由一个暗喻的（但却是幻想出来的）道德优越感来强化小我——每当你对某人有负面评价的时候，就会产生这种优越感。

如果他人拥有较多、知道的较多，或能做得较多，小我就感觉备受威胁，因为和他人相较之下的"较少"的感受，会缩减它虚拟的自我感。它甚至会试着用削减、批评、藐视其他人拥有的财产、知识或能力的价值来重新修复自己。同时小我也许会采取不同的伎俩，如果对方在大众的眼中被视为是重要人物的话，与其和对方竞争，不如借由和他攀上关系来增强自己。

小我和名声

众所周知的"攀亲带故"（name dropping）现象（就是不经意地提到你认识某某人），是小我用来在他人和自己眼中获取优越身份感的策略，这种优越感是来自于与某位"重要人士"的牵连。在这个世界上，成名的害处就是你的本质（who you are）会完全地被一个集体的心理形象（collective mental image）所掩盖。大部分碰到你的人，都想经由与你的交往来强化他们的身份——也就是他们心理形象中的自己（who they are）。他们自己可能都不知道，他们其实对你一点兴趣也没有，只是想最终借由你来增强他们虚构的自我感。他们相信经由你，他们可以成为更多。他们是在利用你成就自己，或者这样说：他们眼中的你，只是那个名人的心理形象，一个超现实的、集体概念上的身份（collective conceptual identity）。

对于名气荒谬的过度推崇，只是小我在这个世界上众多疯狂表现的一种。有些名人犯了同样的错误而与集体幻相产生认同，这个幻相也就是人们和媒体为这些名人创造的形象，而他们也真的开始觉得自命不凡、高人一等。结果，他们与自己以及他人的距离愈来愈遥远，愈来愈不快乐，愈来愈依赖持续不坠的知名度。围绕在他们四周的，只有那些能够豢养膨胀他们自我形象的人们，因此，这些名人无法拥有真正知心的人际关系。

爱因斯坦是众人所仰慕的超凡之人，也是命定该成为世上最有名的人之一，但是他从来不和集体心智为他所创造的形象产生认同。他还是非常谦虚，没有小我。事实上，他说过："人们对于我的成就和能力以及我真正的本质和能力之间，有着可笑的矛盾。"

这就是为什么有名的人很难与他人建立真诚的关系。真诚的关系是不会被小我的形象制造和自我追寻而操控的。在真诚的关系中，应该有开放、警觉的注意力（alert attention）自然地流向对方，而在其中没有任何形式的需索。那种警觉的注意力就是临在。它是任何真诚关系的必要条件。小我要不就是一直在索求什么，要不就是如果它认为从对方身上已经得不到什么了，就会处在一个很明显的冷漠状态：它根本不在乎你。因此，在小我关系中最主要的三个状态就是：需索，受挫的需索（愤怒、怨恨、责怪、抱怨）以及漠不关心。

第四章
角色扮演——小我的多重面貌

当小我需要从他人获取或回避什么的时候,通常会扮演一些角色来满足他的需求。这些需求可能是想在物质上有所获,或是追求权力感、优越感或特殊感以及其他形式的满足——无论是生理上的还是心理上的。通常人们对于他们所扮演的角色是毫无觉知的。因为他们自己与那些角色合一了。有些角色比较隐而不宣,有些角色则非常的明显,只有扮演角色的人自己毫不知情。有些角色只是为了得到别人关注而设计的。小我因他人的关注而成长茁壮,因为别人的关注毕竟是一种心灵能量。小我不知道所有能量的来源都在自己之内,所以它在外面寻求。小我所寻求的不是"临在"的那种无形关注,而是某种外在形式的关注，像认可，赞赏，仰慕或任何其他形式的注意，好让它的存在被认可。

一个害羞而害怕他人关注的人并不是没有小我，而是有一个矛盾的小我：既需要又害怕他人的注意。他害怕的是：关注会以不认同或是批判的形式呈现，也就是说，不但不能增强小我，反而还会贬低它。所以这个害羞的人对于关注的恐惧，就超过他对关注的需求。害羞通常伴随着非常负面的自我认知，那就是认为自己不够好。任何自我的认知感——为自己贴上的各种标签——都是小我，无论主要是以正面的（我最棒了！）还是负面的（我一无是处！）方式展现。在每个正面的自我认知之后，都暗藏了深怕自己不够好的恐惧。在每个负面的自我认知之后，都暗藏了想要一枝独秀或是凌驾他人之上的欲望。看起来非常自信，而且不断追求优越感的小我，后面却是无意识地对自卑的恐惧。相反的，在害羞、觉得自己不够好的小我自卑情结之后，却有着对优越感的强烈渴望。很多人因他们接触到的情况和人物的不同，而在自卑感和优越感之间摆荡。对于内在，你所需要知道并且去观察的就是：当感到比某人优越或在某人面前自惭形秽的时候，那就是你内在的小我！

恶棍、受害者、爱人

有些小我在无法得到赞美或推崇的情况下，会选择屈就于其他形式的关注，继而扮演各种不同的角色以得偿所愿。如果得不到正面的关注，它们可能转而选择负面的，比方说，激起别人负面的反应。很多孩子的行为就是源自于此。他们故意调皮捣蛋以取得关注。当小我被活跃的痛苦之身触痛而扩大的时候，这种扮演负面角色的情况特别明显。也就是说，过去累积的痛苦情绪会借由经历更多的痛苦来更新它自己。在追求名声的过程中，有些小我甚至不惜以犯罪手段来达到目的。这些小我借由恶名昭彰和他人的唾弃来寻求关注，它们的心声是："请你告诉我，我是存在的，我不是无足轻重的。"这种病态的小我形式，只不过是正常小我较为极端的版本。

有一种很常见的角色就是受害者，在这个角色中，小我寻求的关注就是同情或怜悯，或是他人对"我的"问题的兴趣——"我和我的故事"。视自己为受害者是众多小我形式中的一个要素，这些小我形式包括了：埋怨他人，受到攻击，遭受侵犯等等。当然，当编造并认同自己是受害者角色的故事时，我是不希望故事终结的。因此，每个治疗师都知道，小我其实并不想要自己的问题获得解决，因为这个问题已经成为它身份认同的一部分了。如果没有人要听我的悲惨故事的话，我可以在脑海中反复地讲给自己听，然后暗自神伤，我也因此而有了一个身份：一个被生活、他人、命运或是上帝不公平对待的人。它定义了我的自我形象，让我成为"某人"，而这就是小我所要的。

在很多所谓的"罗曼史"刚开始的时候，为了要吸引并且留住小我视为"可以让我快乐、感觉特殊、满足我所有需求"的那个人，角色扮演的游戏是常见的。"我会扮演你要我扮演的角色，而你也要扮演我让你扮演的角色。"对男女双方来说，这是个无需明说，而且无意识的共同协议。然而，角色扮演是很辛苦的，所以这些角色无法无止境地扮演下去，尤其是一旦两人开始生活在一起以后。而当那个角色面具滑落以后，你看到了什么？很不幸的，大多数的情况下，你看到的不是对方的真实本质，而是遮掩了真实本质的东西：卸除了角色后赤裸裸的小我，还有它的痛苦之身以及因索求不遂而产生的愤怒。这个愤怒多半又会导向配偶或是伴侣，因为他们不能够移除你内心经年累月的恐惧和匮乏感，而这些恐惧和匮乏感其实是你的小我自我感中固有的一部分。

我们常说的"坠入爱河"，其实大多数的情况下，是小我的欲求（wanting）和需求（needing）的一种强化。你对一个人上瘾了，或是说，你对自己心目中那个人的形象上瘾了。它和真爱一点关系也没有，真爱之中是从无欲求的。西班牙文是最能诚实表达传统之爱的一种语言：te quiero 的意思是"我要你"还有"我爱你"。另外一种我爱你的表达方式"te amo"却很少人用，因为它的意思就是清楚的"我爱你"，并不模棱两可。或许这是因为真爱本来就难寻。

放下自我的定义

当部落文化（tribal culture）进展至古文明时，某些特定功能便开始分派给不同的人：统治者、祭司、战士、农夫、商人、工匠、劳工等等。阶级体系由此产生。通常每个人的功能是天生注定的，它决定了一个人的身份，也决定了他人对自己，甚至于自己对自己的认定。功能变成了角色，但也不纯粹是角色而已；功能变成了一个人的身份，或是对自己身份的认定。当时只有少数的几个存在，像佛陀或耶稣，能够看出社会阶级制度最终是无关紧要的，而且辨识出它是一种与外相的认同。而这种认同，就是人类与他们所受到的制约和昙花一现的事物的认同，会遮盖了闪耀在每个人之内未受制约和永恒不变的光芒。

在当前世界中，社会的结构不如以往严谨，也没有像以前那样清楚的定义。当然，即使人们还是被环境制约，但是却不再与生俱来地被赋予一个功能和随之而来的身份。事实上，在现代社会，愈来愈多人对于自己该何所是从，人生的目的又是什么，甚至自己到底是谁，都感到困惑。

当有人告诉我："我不知道我自己是谁了。"我通常都会恭喜他们。他们会很不解地问："难道你觉得困惑是好事吗？"我让他们去审查，困惑到底是什么意思？"我不知道"不是困惑。困惑是："我不知道，但我应该知道。"或是"我不知道，但我需要知道。"你是否可以放下"你应该知道，或是需要知道你是谁"的信念呢？换句话说，你是否能放弃寻找一个概念上的定义以获得自我感呢？你是否能够停止用思考来取得身份认同呢？当你能够放下你应该或是需要知道你是谁的信念时，那份困惑会如何呢？顷刻间它消失了。当你全然地接受你不知道的这个事实，你实际上是进入了一个平安和清明的状态，这个状态是比思考更为接近你真正是谁。经由思想来定义你自己，其实是限制了你自己。

既定的角色

当然，在这个世界上，不同的人有不同的功用，这是毋庸置疑的。但就智力和体能方面的能力来说——知识、技能、才干和能量层次等，都是因人而异。真正重要的不是你在这个世界上的功用是什么，而在于是否过于认同自己的功能，以至受其控制，并且让它变成了你所扮演的角色。当你扮演角色时，你是无意识的。所以当你发觉自己正在扮演角色时，你的体悟就在你和角色之间创造了一个空间。而这正是从角色中获得释放的开始。当你完全地认同一个角色时，就把一种行为模式和你的本质混淆了，然后还会过于严肃地看待自己。你也会自然而然地指派角色给他人，好让他们来配合你的角色。比方说，当你去看一位与其角色完全认同的医生时，对他们来说，你就不是人了，而只是一个"病号"，或只是一份病历。

虽然当前世界中的社会结构不如古代文明时期那么严谨，但人们还是会与一些既定的功能或角色认同，既而让它们成为小我的一部分。这使得人们的互动变得比较不真诚，无人情味而且疏离。这些既定的角色也许给你一个有安慰作用的自我感，但是最终来说，你还是会在它们之中迷失自己。在阶级制度明确的组织中，如军队、教会、政府机构、大型公司，人们很容易就拿他们的功能来作为角色认同。当你在角色中迷失自己的时候，真正人际间的互动就不太可能了。

我们可以称那些既定的角色为社会的原型（social archetypes）。随便举些例子：中产阶级的家庭主妇（不像以前那么普遍了，不过还是很常见），强硬阳刚的男性，眉眼勾魂的女子，离经叛道的艺术家或表演者，有文化素养的人（在欧洲常见的角色），这些人炫耀他们对文学、艺术、音乐的知识，就像其他人炫耀昂贵的服饰或名车一样。还有一个相当普遍的角色：成人。当你扮演那个角色的时候，你把自己和生命都看得非常严肃。而自由自在、无忧无虑和欢乐都不是这个角色的一部分。

20世纪60年代创始于美国西海岸然后蔓延至整个西方世界的嬉皮运动，就是源自于一些年轻人拒绝社会的原型和角色，同时也拒绝既定的行为模式，还有奠基于小我的社会与经济的结构。他们拒绝扮演父母和社会强加于他们身上的角色。重要的是，当时嬉皮运动和恐怖的越战是同步的。越战中，超过57,000名美国青年和300万名越南人命丧战场，这个事件让大家看到了社会系统以及潜藏其下心态的疯狂。在20世纪50年代，大多数的美国人都极力遵循某种特定的思想和行为，而在60年代，好几百万人开始从集体概念的身份认同中撤离，因为这个集体概念的病态疯狂是如此的明显。嬉皮运动代表着迄今为止，在人类的心灵中最为严峻的小我结构已经开始松懈了。嬉皮运动逐渐由盛而衰，但是它却留下了一个缺口，而且还不仅仅是在参与运动的人们当中。这个缺口，使得古老的东方智慧和灵性传统得以转移至西方，同时在全球人类意识的觉醒中扮演了重要的角色。

临时扮演的角色

如果你够觉醒也够觉知，而能观察到你是如何与其他人互动的，你也许会觉察到，对于不同的人，你说话的方式、态度和行为都会有所不同。刚开始的时候，也许在别人身上观察比较容易；然后，你逐渐地可以在自己身上观察到。你对一位公司老总说话的方式，也许和你对清洁工说话的方式有细微的不同。你对孩子说话的方式也和对成人不同。为什么呢？你都是在扮演角色。无论是与公司老总、清洁工或是孩子说话时，你都不是真正的自己。当你到一家商店去买东西，或是当你进入一家餐馆、银行、邮局的时候，你会发现自己落入了一个既定的社会角色。你成为顾客，而说话和行动也就像个顾客。同时，那些扮演销售人员或餐馆服务生角色的人，也会把你当顾客来对待。既定范围内被制约的行为模式就在两个人之间进行，也因此决定了双方互动的本质。在互动的，不是两个人，而是两个心理概念上的形象在互动。人们愈是认同于他们个别的角色，他们的人际关系就愈加地不真诚。

你心理的那个形象不但是关于那个人是谁，同时也是关于你自己是谁，特别是对于与你互动的那个人来说。所以你并不是和那个人在来往，而是你自己心目中的你，和你心目中的他在来往，对方也是。你心智所创造的那个概念形象，与它所创造的另一个人的概念形象在来往。另外那个人的心智可能也是在做同样的事，所以两人之间小我互动，实际上是心智所制造的四个概念上的身份认同在互动，而这些身份认同最终都是幻相。难怪人际关系中有那么多的冲突，因为这都不是真正的人际关系。

手掌流汗的和尚

关山这位禅师，即将要主持一个名门望族的丧礼。当他站在那里等待省长和其他王公贵族到达时，他注意到他的手掌心因流汗而潮湿。

第二天他召集了所有的弟子，坦承自己还未具备资格成为一位真正的老师。他对弟子解释说，他发现自己无法对所有人一视同仁，无论对方是乞丐或是国王。他还是无法超越社会角色和概念上的身份认同，而看到众生的平等性。于是他飘然离去，成为另外一名大师的弟子。八年之后，他开悟了，并且回到原来的学生身边。

角色中的快乐和真正的快乐

"你好吗？""很棒！再好也不过了！"这是真的还是假的？

很多情况下，快乐是人们扮演的一个角色，在那个微笑的假相之后，其实暗藏许多痛苦。当不快乐被微笑的表象和光亮洁白的牙齿遮盖的时候，当你对他人（甚至自己）否认你很不快乐的时候，抑郁、崩溃和过度反应都是常见的事。

"很好啊！"（just fine）这在美国是小我经常扮演的角色。但在其他的国家，对一般人来说，感觉很差或是看起来很糟糕是司空见惯的事，所以这种现象也比较被社会接受。也许有点夸张，但是我听说在某个北欧国家的首都，如果你在街上对陌生人微笑的话，有可能被误认为是酒醉后的行为而遭到逮捕。

如果你觉得不快乐的话，你首先必须要认可它的存在。但不要说："我不快乐。"（I am unhappy，直译为：我是不快乐的）。不快乐和你是什么没有任何关系。你要说："我内在有不快乐的情绪。"然后去审查它。你的不快乐可能跟你所在的某种情境有关。也许你需要采取行动改变这个情境或是抽身而出。如果形势比人强，那就面对现实，然后说："嗯，现在，就是这样了。我不去接纳它，就会让自己很惨。"不快乐的主要肇因从来都不是情境，而是你对它的想法。去觉察你所思考的内容。把你的想法和情境分开，情境就是情境，它永远是不偏颇的。情境或事实在那里，而你对它的想法在这里。谨守事实，不要编造故事。比方说："我完蛋了！"就是故事。它限制了你，使你无法采取有效的行动。"我银行存款只剩五毛钱了！"就是事实。面对事实总会带给你力量。注意去觉察：你所思所想的，在很大的程度上会产生你所感觉到的情绪。看到你的思想和情绪之间的连带关系，不要让自己变成你的思想和情绪，而是要成为它们背后的那个觉知。

不要去寻求快乐。如果你寻求它，你是找不到的，因为寻找这个动作是和快乐对立的。快乐永远难以捉摸，但是从不快乐当中解脱是当下可及的。只要你愿意面对现实，而不依据事实来编造故事。不快乐遮盖了你自然状态下的福祉和内在的平安，而后者是真正快乐的源头。

为人父母：角色还是功能

在和孩子说话的时候，很多成人都会开始扮演角色。他们使用一些孩子气的字句和语调，以高姿态和孩子说话，对孩子并不平等视之。你暂时知道的比孩子多或是你此刻比较高大的事实，并不意味孩子就与你不平等。大多数的成人，一生当中，总会有一段时间是身为父母的，这是一个非常普遍的角色。而最重要的问题是：你是否能够善尽父母的职能，而且游刃有余，但是又不与这个职能认同，也就是，不让它成为你所扮演的一个角色？父母职能的一部分就是要照顾孩子的需要，防止孩子受到危害以及有时要告诉孩子何者该为、何者不为。然而，当身为父母变成了一种身份认同的时候，而你的自我感可能全部或是大部分都是从它而来的话，做父母的职能很容易就会被过度地强调，夸大，而且掌控了你。你对孩子的付出，可能超过他们所需，因而变成溺爱；防止他们受到危害，也可能会变成过度保护，并且妨碍了孩子们自己去探索这个世界和尝试不同事物的需要。告诉孩子何者该为、何者不为，最后可能会演变成控制、压抑。

尤有甚者，由角色扮演而导致的身份认同，可能在那些特定功能的需要早已过时之后，还继续存留。甚至当孩子都已经长大成人了，父母还是无法放下身为父母的角色。他们无法放下被孩子需要的那种心理需求。即使他们的孩子都已经四十岁了，父母还是没有办法放下这种观念："我知道什么对你最好！"他们还是强迫性地扮演父母的角色，所以父母孩子之间就不会有真诚的关系。父母靠这个角色来定义自己，所以当他们不用再需要善尽父母职责的时候，他们无意识地害怕失去身份认同。如果，想要控制或是影响已经成人的孩子行为这个意图受到了阻碍（通常都会），他们会开始批评或表示不以为然，或是让孩子感到愧疚，这都是无意识地试图保有他们的角色、他们的身份认同。表面上看来，他们是关心孩子（他们也自认为如此），但是他们真正关心的是：能否保有自己所认同的角色身份。所有小我的动机都是为了加强自我以及维护自我利益，而有时候它伪装得太好了，即使是小我在运作的这个人本身都没有觉察到。

一个认同于父母角色的母亲或父亲，有时也会尝试经由他们的孩子来让自己更圆满。小我为了填补恒常的空虚匮乏感，因而需要去操控别人，孩子这时就会首当其冲。如果操控孩子的强迫冲动之后的那些最为无意识的假设和动机，都被带到意识层面并且公诸于世的话，可能八九不离十是这样的："我要你达到我不曾达到的成就；我要你在这个世界上扬眉吐气，所以我也可以借由你而扬名立万。不要让我失望。我为你牺牲了这么多。我对你的不以为然就是有意要让你感到愧疚而且不舒服，所以你才会遵照我的意愿行事。我当然知道什么对你是最好的，这点毋庸置疑。我爱你，而且也会一直爱你，只要你做的，都是我认为对你有益的事情。"

当你把这种无意识的动机带到意识层面时，你很快就可以看出它们是多么地可笑。在这些动机之后的小我此刻无所遁形，而且它的功能失调也显露无遗。有些向我咨商的父母会突然发现，"我的天哪，这就是我一直在做的吗？"一旦看到你正在做或是已经做了一段时间的事情时，你也可以看出它的徒劳无功，而那个无意识的模式就会自动结束。觉知就是最好的转化媒介。

如果你的父母就是这样对待你，千万别跟他们说他们是无意识而且被小我掌控的。这样做可能会让他们更加地无意识，因为小我会采取防卫的立场。你能够看出那是他们的小我，而不是真正的他们时，就已经足够了。小我的模式，即使是持续了很久的时间，当你的内在不再抗拒它们的时候，有时会奇迹般地消失。抗拒只会给它们更新的力量。即使它们不消失，你可以用慈悲心来接纳你双亲的行为，不需要对它们做出反应，也就是说，不需要认为这些行为是冲着你来的。

在此同时，你也要觉察到自己对于父母行为的反应模式背后（通常都是根深蒂固的而且习惯性的），有什么样无意识的假设和期待。

"我的父母应该要认同我的作为。他们应该要理解我，同时接纳我的本来面目。"真的吗？为什么他们应该要这样？事实就是：他们没有这么做，因为他们做不到。他们进化中的意识，还没有量子跳跃到觉知的层面。他们还无法不去认同他们的角色。"是的，但是除非有他们的认同和理解，我无法对自己的本来面目感到快乐和满意。"真的吗？他们认同你或不认同你，真的会对你的本来面目造成差异吗？所有这种没有被审查过的假设，创造了很多负面的情绪，还有很多不必要的不快乐。

要保持警觉。你心智中来来去去的思想，是否有些是来自你父亲或母亲，而且已经被你内化的声音？它们会说："你不够好。你永远不会有什么成就。"或是以其他形式的批判或论断出现。如果你有觉知的话，你就会认出来这个在你脑袋里的声音就是：一个被过去所制约的旧思想。如果你有觉知的话，你不会需要再去相信你所思考的每一个念头。它只是一个旧的思想罢了，如此而已。觉知就意味着临在，而只有临在能够化解你内在无意识的过去。

"如果你认为自己已经开悟了，"阿玛斯（Ram Dass，译者按：《钻石途径系列》作者）说，"去和你父母住一个星期看看。"这是个非常好的建议。你和父母的关系不但是你最初的原始关系——为其他后来的人际关系设定了基调，它也是一个测试你临在程度的好方法。在一份关系中，如果双方过去有很多纠葛，那么就必须要更为临在，否则，你们会被迫一而再、再而三地重演过去。

有意识的受苦

如果你有年幼小孩的话，尽可能地给他们帮助、指导和保护，但是更重要的是，要给他们空间——存在的空间。他们虽然经由你而来到这个世界上，但是你并不"拥有"他们。"我知道什么对你是最好的"这种信念，在孩子很小的时候也许是对的，但是等到他们渐渐长大之后，就越来越不正确了。你对孩子的生活应该如何展开有愈多的期盼，你就会更加停留在你的心智中，而不是为他们保持临在。就像所有其他的人一样，他们终究会犯些错误，也会经历到某些形式的痛苦。事实上，从你的角度来看，他们可能是犯错了。但对你来说是错误的，对孩子来说，却可能正是他们需要去做或是经历的。尽可能地给他们帮助和指引，但是要明白，有的时候还是要允许他们犯一些错误，尤其是在他们快成长为成人的时候。不但如此，有时你甚至还需要允许他们去受苦。他们的痛苦可能是毫无理由的，也有可能是他们自己犯错的后果。

如果你能免除你孩子所有的痛苦，不是很棒吗？不，不是的。如果不经历一些苦难的话，孩子就无法进化为成人，而且会很肤浅，只会与外在形式的东西认同。受苦会驱使你往内心深处走去。矛盾的是，受苦是由认同于外相造成的，但是受苦也会减少对外相的认同。受苦大部分都是小我造成的，但受苦最终会导致小我的陨灭。不过，你必须要有意识地受苦，这种情形才会发生。

人类注定是要超越痛苦的，但是小我可不这么想。小我很多错误假设中的一个就是（也是它众多谬思中的一个）："我不应该受苦。"有的时候这个思想还会转移到与你亲近的人身上："我的孩子不应该受苦。"这个思想本身就是痛苦的根源。受苦其实有一个崇高的目标：意识的进化提升和小我的灰飞烟灭。十字架上受苦的那个人其实是一个原型的表征。他代表着所有的男人和女人。只要你抗拒受苦，这个过程就会更加地漫长，因为抗拒会创造更多的小我来让你消灭。然而，当你接受痛苦的时候，因为你是有意识地受苦，这个事实就会导致那个过程的加速进化。你能够接受自己受苦，也可以接受其他人受苦，比如说你的孩子或双亲。在有意识的受苦之中，转化就已然存在了。受苦的熊熊火光就转变成了意识之光。

小我说："我不应该受苦的。"这个思想会让你更加地受苦。它是对事实的扭曲，始终是自我矛盾的。真相就是：你必须对受苦说："是的！"然后才能去超越它。

有意识地为人父母

很多孩子对他们的父母暗藏了愤怒和不满，主要的原因就是彼此关系的不真诚。无论父母是多么有意识地在扮演好自己的角色，孩子内心深处都渴望父母和他们相处时，能够像一个"人"，而不是在扮演角色。对你的孩子，也许你尽全力做好、做对了每一件事，但是你再怎么尽力都不够。事实上，如果你忽视了本体（being），你做（doing）再多都不够。小我对本体一无所知，而且深信借由不断地"做"，你最终会获得拯救。如果你在小我的掌控下，你会相信：借由不断地"做更多"，你最终会累积足够的"作为"，让你在未来的某个时间点上觉得圆满。但事实不然。你只会在"做"之中迷失了自己。我们整个人类文明已经在"做"之中迷失了，由于"做"并没有根植于"本体"，所以一切作为都是无用的。

那么，你如何把本体带入繁忙的家庭生活，还有你和孩子的关系中呢？关键就是要关注你的孩子。所谓关注，有两种。一种是我们称之为以外相为基础的关注。另外一种是无形的关注。以外相为基础的关注始终是与"做"和"评价"有关的。"你做功课了没？吃晚饭！把你的房间收拾好！刷牙！做这个！不要做那个！快点准备好！"

接下来我们又要做什么？这个问题基本上总结了很多人家庭生活的样貌。以外相为基础的关注当然是有必要而且正当的，但是如果你和孩子的关系就仅止于此的话，那么关系中最重要的一个向度就丢失了，"本体"就完全被"作为"所蒙蔽。就像耶稣说的："只关心世上的事。"无形的关注是与本体的那个面向不可分割的。它是如何运作的呢？

当你看着孩子，倾听、碰触或是帮助他们做一些事的时候，你要保持警觉、定静，完全地临在，除了当下时刻的本然面貌之外，不期盼任何其他的东西。这种方式会让你创造一个属于本体的空间。在那一刻，如果你临在的话，你并不是一个父亲或母亲。你就成为倾听、观看、碰触甚至说话的那个警觉、定静和临在。你就是那个在作为之后的本体（being）。

认出（recognize）你孩子的本体

你是人（Human Being）。这句话是什么意思呢？对生活的掌控不在于控制，而是在人性（human）和本体（being）之间找到平衡。母亲、父亲、先生、太太、年轻、年老、你扮演的角色、你提供的功能，无论你做什么——都是属于"人"的范畴。这个范畴有它自己的地位，并且需要得到尊崇，但是它的本身，对一个圆满的、真正有意义的人际关系或是生活来说，是不足够的。无论你多么努力地尝试，或是你的成就如何，只有人性（human）是不够的，你还需要本体。本体是可以在意识本身的定静和专注的临在中求得的。那个意识就是你的本质。人（human）是外相，本体（being）则是无形无相的。两者不可分割，而且是相互交织的。

就"人"的层面而言，你毫无疑问地比你的孩子优秀。因为你比较高大、强壮，知道的也多，而且能做更多的事。如果你所知道的只限于这个层面，当然会觉得比孩子来得优秀，即使是无意识的。而且，你也会无意识地，让你的孩子觉得样样不如你。在你和孩子之间没有平等，因为你们的关系当中只看外相，而单就外相而言，你们两个当然不平等。你也许很爱你的孩子，但是你的爱只是人类的爱，也就是说，有条件的，占有的，会间断的。只有超越了外相，在本体之内，你们是平等的，而只有当你在自己的内在找到了那个无形无相的向度之后，你们的关系才有真爱在其中。那个临在中的你，那个永恒的"本我"，就能够在另一个人之中辨识出他自己。而对方（在这里就是你的孩子），会感觉到被爱，也就是说，感觉到他的本体也被认出来了。

爱就是在他人之内辨识出你自己的本体，这样一来，在纯粹人类的范畴（外相的范畴）中，我们与他人都是独立存在的幻相就昭然若揭。每个孩子都渴望被爱，其实是渴望被认可，不是在外相的层面，而是在本体的层面被认可。如果父母认可的只是孩子作为人类的面向，而忽视本体的面向的话，孩子就会感到与父母的关系有所不足，缺乏一些绝对重要的事物，于是在孩子心里就会累积痛苦，有时甚至是无意识地对父母怨恨不满。"为什么你不能认可我？"这好像就是孩子的痛苦或怨恨的心声。

当其他人认出你本体的时候，经由你们两人，那份认可就把本体的向度更加完整地带到这个世界上来。那就是可以救赎这个世界的爱。我所说的这些，是针对你和你孩子之间的关系，当然，这同样地适用于所有的人际关系。

我们常听说"神就是爱"，但这并不是绝对地正确。神就是至一生命，在无数的生命形式之内但却又超越它们。而爱却隐含着二元对立：爱和被爱，主体和客体。所以，所谓"爱"，就是在二元对立的世界中，辨识出合一。而这就是神在有形有相的世界中诞生了。爱使得这个世界不那么世俗化，密度不那么浓稠，也让神圣的面向，也就是意识本身的光亮，更加地从这个世界中通透出来。

放弃角色扮演

我们每个人在此要学习的生活艺术中，最重要的一门课就是：在任何情况下，做好你需要做的事，但是不要让它成为你所认同的一个角色。如果你的行动都是为了行动本身，而不是用来保护、加强或是顺从你角色的身份认同的话，那么无论你做什么，你的力量都会非常地强大。每一个角色都是虚构的自我感，经由它，所有的事都变成是针对个人的，而且还会被心智制造的"渺小我"（little me）和它当时扮演的角色给腐化和扭曲了。在这个世界上，有权力地位的人，像政客，电视人物，商业和宗教的领袖，除了少数几个特立独行的例外，他们大部分都完全地认同自己的角色。他们也许被视为是 VIP（重要人物），但是他们不过都是小我游戏中无意识的参与者，这个小我的游戏看起来是如此地重要，但最终还是缺乏真正的目的。用莎士比亚的话来说，它不过是"一个白痴诉说的故事，充满了噪音和愤怒，无足轻重"。令人惊讶的是，莎士比亚没有看过电视就能够获致这样的结论。如果这个地球的小我戏码有任何目的的话，这个目的也是间接的：在这个地球上创造更多的痛苦。虽然绝大多数的痛苦都是小我创造的，但它最终却是会毁灭小我的。痛苦就是用来烧尽小我的火焰。

在不同角色扮演的人格世界中，有少数人不会投射心智制造的形象到外界，他们是从较深入的核心本体之中来运作的，他们只是简单地做自己，不会妄自尊大（这些人有的时候也会出现在电视、媒体和商业界）。他们如此地出类拔萃，是真的唯一为这个世界带来一些改变的人。他们会带来新的意识。无论他们做什么，都会获得力量，因为他们的作为是和整体的目的一致的。然而他们的影响却远超过他们的所作所为，也远超过他们的功能。他们单纯的临在——简单、自然、不做作，无论谁和他们接触都会感受到他们转化的力量。

当你不扮演角色时，你的所作所为就没有自我和小我掺杂在其中，也就没有隐含的目的（secondary agenda）：保护或是强化你的自我。因此，你的行动会有更大的力量。你会全神贯注在当前的情况上。你与它合一。你不会想借由它而成为什么特定的人。当你完全是你自己的时候，你是最有力量、最有效率的。但是，不要试着去做你自己。那又会成为另外一个角色了。那个角色是："本然的、自发性（spontaneous）的我。"一旦你试着想要成为特定的人物，你又是在扮演一个角色了。"做你自己"是一个很好的忠告，但是它也很可能误导你。心智会插进来说："我来看看，我如何才能做我自己呢？"然后，你的心智就会制定出"我如何才能做我自己"的某种策略。这又是另一个角色了。"我如何才能做我自己呢？"这个问题事实上是错的。它意味着你必须要"做"一些事情才能成为自己。然而这个"如何"在这里是不适用的,因为你已经是你自己了。不要在"你已经是"的那个基础上,再加上不必要的负累。"但是我还不知道我是谁呢!我不知道做我自己是什么意思!"如果你可以完全接受不知道自己是谁这件事情的话,那么剩下来的就是你是谁的真貌了——那个在人性之后的本体,纯粹潜能的领域(field of pure potentiality),而不是一些已经被定义了的东西。

放弃定义你自己——不管是对自己还是对别人来说。你不但不会灭亡,反而还会重生。同时,不要在意别人怎么定义你。当他们定义你的时候,他们其实是在为自己设限,所以这是他们的问题。当你与他人互动的时候,不要只是扮演一个角色或提供一个功能,而要成为一个有意识临在的领域。

为什么小我要扮演角色呢?这是因为一个未受验证过的假设、一个基本的谬误、一个无意识的思想。那个思想就是:我是不够的(I am not enough)。接下来就是其他无意识的思想:我需要扮演一个角色,所以我可以得到让我能全然成为自己的东西;我需要得到更多,所以我才能成为更多。但是你无法成为比你之所是更多,因为在你身体和心理的形相之下,你是与生命本身合一的,与本体合一的。在外在的形相上,你会而且始终都会次于某些人,或是优于某些人。但在本质上,你不会次于或是优于任何人。真正的自尊和谦卑都是从这份了悟中升起的。在小我的眼中,自尊和谦卑是矛盾的。在真理中,它们是并无二致的。

病态的小我

无论以何种形式展现，从更广义的角度来看，小我本身就是病态的。当我们看一下古希腊文里面的这个字：病态（pathological），我们就会发现这个字对小我来说再适用也不过了。虽然这个字通常是来描述一种疾病的状态，它是从pathos这个字根而来的，意思是受苦。当然，佛陀在2600年前就已经发现了：人类状况的特征就是受苦。

然而，那些在小我掌控之下的人，并不能辨识出受苦是痛苦的，还认为它是在任何特定的状况下唯一合理的反应。盲目的小我是无法看到它在自己和其他人身上所加诸的痛苦。不快乐就是小我创造的一种广为流传的心理——情绪疾病。它是地球环境污染的内在对应。像愤怒、焦虑、仇恨、怨恨、不满足、羡慕、嫉妒等负面情境，已经不被视为是负面的了，反而被合理化并且进一步被曲解为：这不是我们自己创造的，而是其他人或是一些外在因素所造成的。"你要为我的痛苦负责。"这是小我的暗示。

小我无法分辨一个状况本身，和我们对那个状况的解释及反应，这两者之间有什么不同。你可能说，"多么糟糕的一天啊！"但你并不了解，那个寒冷、风和雨或是任何让你有反应的情境本身，并不是糟糕的。它们就是那个样子。真正糟糕的是你的反应，你内在对它们的抗拒，还有因抗拒而产生的情绪。用莎士比亚的话来说就是："没有所谓的好或坏，而是我们对它的想法造成了好坏。"尤有甚者，小我还把受苦和负面反应曲解为乐趣，因为就某种程度而言，小我本身在其中获得了强化。

举例来说，愤怒或怨恨，因为会增加分离感，加强对他人的分别心，而且会创造一个看起来无比坚固的心理立场："我是对的！"所以它们可以极为有效地强化小我。当你被这些负面情绪占有的时候，如果可以去观察你身体内在生理方面的变化，你会发现这些情绪是如何地妨碍心血管、消化和免疫系统以及其他身体功能的运作。如果你能够观察到这些变化的话，那么你就会很清楚地看到：这些情绪实际上真是非常病态的，它们是一种形式的受苦，毫无乐趣可言。

每当你处在一个负面状态的时候，你的内在其实有一部分是在寻求负面的事物，并且视它为乐趣，或是相信它可以帮助你得偿所愿。要不然的话，谁会一直抱持着负面情绪不放，让自己和其他人都陷入惨境，而且在身体上创造疾病？因此，每当你发现自己内在有负面心态时，如果那一刻你能够了解到：在你之内有一部分是把这些负面事物视为乐趣，并且相信它是有用的，那么你就已经直接地觉察到你的小我了。当这种情形发生时，你的认同就从小我转到了觉知。这也意味着小我在缩减，而觉知在增长。

如果在负面情绪中，你当时就能够了解到："此刻我正在为我自己创造痛苦。"这份觉知，就足以让你超越被制约的小我状态和它所产生的反应的限制。随觉知状态而到来的无限可能性将被开启，让你看到有其他更具智慧的方式来应对任何情况。在那一刻，当你看到了你的不快乐是缺乏智慧的时候，你就能够自由地放下这个不快乐。负面心态是不明智的，它总是来自于小我。小我也许很聪明，但是它没有智慧。小聪明会追求它自己小小的目标。而智慧却能够看见联结所有万事万物的较大整体。小聪明是被自我利益所驱使的，而且它非常地短视近利。多数的政客和商人都很聪明，但很少是有智慧的。利用聪明而获得的东西都是短暂的，而且最后总是会导致自我挫败。聪明导向分离，智慧包容万物。

像背景般的不快乐

小我创造了分离感，而分离感则创造了痛苦。由此可见，小我是如此地病态。除了那些明显的负面情绪如愤怒、仇恨之外，还有一些比较细微的负面情绪的形式，它们是如此地稀松平常，通常不会被视为是负面的。比如说：不耐烦、烦躁、神经紧张，还有"受够了"。它们构成了那个不快乐的背景基调，而且是很多人主要的内在状态。你需要非常的警觉，而且绝对地临在，才能够侦察到它们。当你能够侦察到它们的时候，那就是觉醒的时刻，也是与心智脱离认同的时刻。

有一个最常见的负面状态，也许正因为它是如此地稀松平常，所以很容易被人忽略。也许你对它也很熟悉。你是否常常经历一种不满足感，它很难描述，只能说它是一种像背景般的怨恨？它可能有针对性，也可能没有特定的针对性。很多人生命的绝大部分都在这种状态中度过。他们是如此地与这种状态认同，以至于无法退后一步而看清楚它。位于那种感觉之下的，是我们无意识地持有的一些信念，也就是说：思想。你的这些思想，就如同你在睡觉时做的梦一样。换句话说，你不知道你在思考，就如同做梦的人不知道他在做梦一样。

这里是一些最常见的无意识的思想，它们为那种不满足的感觉或是背景基调的怨恨煽风点火。我下面列出来的是这些思想的基本架构，我删除了它的内容，因为这样看起来比较清晰。当你生活的背景基调中有不快乐的情绪时（有时不是在背景，而是已经展现出来了），你可以看看是下面的哪一个思想架构在运作，同时可以根据个人的情况把内容填进去。

- 在我生命中需要发生一些事情，我才能因此而感到平静（快乐、满足等等）。我很生气这些事情还是没有发生，也许我的怨恨最后可以让它发生。
- 过去有些不该发生的事情发生了，我很生气。如果它们没有发生的话，我现在就可以感到平静。
- 有些不该发生的事情现在正在发生，而它妨碍了我此刻的平静。

这些无意识的信念常常还会导向一个特定的个人，因此"发生的事情"就变成了"一个人做的事"：

- 你应该做这个或那个，那样我才可以平静下来。我很生气你还是没有做。也许我的怨恨会促使你去做它。
- 你（或是我）过去做的，说的，或是没做的事，让我现在无法平静下来。
- 你现在正在做的或是没做的事，妨碍了我的平静。

快乐的秘密

以上这些都是假设，而且是未经审查的、与现实混淆的思想。它们是小我编造出来的故事，让你深信你此刻不能平静或是不能完全做你自己。平静的状态和做你自己是同一回事。小我说：也许未来的某一天，如果某些特定的事，或是其他的事情能发生，或是我可以得到这个，或是成为那个的话，我就能够平静下来。它或许会说：因为过去发生的一些事情，我永远都无法平静。你可以去倾听所有人的故事，然后发现它们都可以有一个相同的标题："为何此刻我无法平静"。小我不知道你唯一可以平静下来的机会就是此刻。或者其实它是知道的，但是它害怕你发现这个事实。毕竟，平静就是小我的终结。

如何在此刻就能平静下来呢？与当下时刻和平共处。当下时刻就是生命的游戏场，它无法在别处游戏。一旦与当下时刻和平共处之后，看看接下来会发生什么事情，你可以做什么或是选择去做什么，或是说：生命要经过你做什么。有几个字可以表达生活艺术的秘密，也是所有成功和快乐的秘密：与生命合一。与生命合一就是与当下合一。然后你就会明白，其实不是你在活出生命，而是生命经由你活出来。生命是舞者，而你是舞步。

小我喜爱它对现实（reality）的憎恨。现实又是什么？现实就是本然（whatever is）——不论它是什么。佛陀称之为"tatata"——生命的如是（the suchness of life），它不过就是当下时刻的如是。对如是的反抗是小我最重要的特征之一。它创造了小我赖以兴旺的负面状态以及它所喜爱的不快乐。这样做的时候，你让自己和其他人受苦，却毫不知情，也不知道你是在地球上创造地狱。无意识生活的本质就是：创造痛苦而浑然不觉——也就是完全在小我的掌控之中。小我对于辨识它本身以及它所作所为的能力之差，令人咋舌而不可置信。它会去谴责别人的行为，但却完全看不见自己也在做同样的事。当别人指出来的时候，它会以愤怒的否认、狡辩和自圆其说的方式来扭曲事实。不但大家这么做，企业组织甚至政府也都是这样。如果上面这些方式都不管用，小我会恼羞成怒地诉诸谩骂，甚至暴力的行为——动不动就诉诸武力。我们现在就可以理解耶稣在十字架上所说的具有深度智慧的话："宽恕他们，因为他们不知道自己在做什么。"

若想要终结几千年来加诸在人类情境中的悲惨状况，必须要从你自身开始，在每一刻都要为自己的内在状态负责。每一刻指的就是当下。问自己："此刻我的内在是否有任何负面的感受？"然后，保持警觉，关注你的思想和情绪。注意那些较低程度的不快乐，无论它们是以何种我先前提过的形式存在，例如：不满足，神经紧张，"受够了"，等等。注意试图要合理化或是解释这些不快乐情绪的思想，它们其实是不快乐的肇因。在你觉察到自己内在的负面状态的那一刻，并不表示你失败了，你其实是成功了！在觉察发生之前，你是与内在状态认同的，而这样的认同就是小我。觉知来临之后，你就脱离了与思想、情绪和反应的认同了。不要把这种情形和否认混为一谈。你可以感知到思想、情绪和反应，而当你感受到它们的那一刻，认同的解脱会自然地发生。你的自我感以及你是谁的自我认知，就会有所转化。在此之前，你是你的思想、情绪和反应；现在你是那个觉知了——观照这些状态的有意识的临在。

"有一天我要从小我中解放出来。"是谁在这样说？当然是小我。从小我中解放出来其实不是件大事，只是小事一桩。你所需要做的就是：在你的思想和情绪发生的时候，对它们有所觉知。这不是一件要"做"的事，只是要警觉地观照。这样说来，你是无法"做"任何事来脱离小我的。当转变发生的时候，就是从思考到觉知的转变发生时，有一个比小我的小聪明更大的智性会开始在你的生活中运作。经由觉知，情绪，甚至思想都不会是个人化的了。它们不具个人色彩的本质会自然流露。在它们之间，再也没有一个"我"了。它们只是人类的情绪，人类的思想。你个人全部的历史，原来最终也不过是一个故事，一堆思想和情绪罢了！它们会成为次要的，而且不会再霸占你意识的前端了。它不会再成为你自我感的基础。你就是临在之光，比任何思想和情绪都还要深沉，而且是在它们之前就存在的觉知。

小我的病态形式

如同我们所见的，如果我们广义地使用"病态"这个字眼来表述功能失调和受苦，那么，小我的本质就是病态的。很多心理的疾病，其实都包括了在正常人身上也同样会发生的小我特质。不同的是，在心理有病的人身上，这些特质变得如此地明显，所以它们的病态本质显露无遗，除了受苦者本身之外，没有人看不出来。

举例来说，很多正常人有时会说一些谎言，好让自己看起来更重要，更特殊，同时强化他们在别人心目中的形象。他们说的包括：他们认识某某人，他们的丰功伟绩，他们的能力与财富，还有其他各种小我用来认同的东西。然而，小我的不足感，以及要有更多或是成为更多的需求，会驱使一些人习惯性和强迫性地说谎。他们告诉你关于他们自己的事，也就是他们的故事，绝大多数都是幻想出来的，只是小我虚构的门面，让它自己感觉比较殊胜。这些华丽而膨胀的自我形象有时也许可以愚弄他人，但是不会太长久。很快地，大多数的人都会看出来它们全是虚构的。

被称为"妄想精神分裂症"的心理疾病（或简称"妄想症"），基本上就是一个小我的夸大形式。它通常包括了一个心智虚构的故事，用来佐证病人持续在心底深处感受到的恐惧。故事主要的成分就是他们相信某些人（有时是很多人，甚至所有人）在算计他们，或是有阴谋要来控制或杀死他们。故事本身通常会有内在的一致性和逻辑性，所以有时把其他人也骗得相信了。有时某些组织，甚或是整个国家，在他们的根本基础上都会有妄想的信念系统。小我的恐惧和对他人的不信任，还有"排他"倾向，会让它聚焦在它所认知到的错误上，并且把这些错误视为他人的身份。这种情形稍微过度时，就会让别人成为小我眼中"没有人性的野兽"。小我是需要别人的，但是它的两难困境就在于，它内心深处是仇恨并且害怕其他人的。沙特说："地狱就是他人。"就是小我的心声。患有妄想症的人会深刻地感觉到那个地狱，但是对其他人来说，只要小我模式还在他们之内运行，他们多少都能感受到。你的小我愈强，你就愈会感觉到其他人是你生活当中痛苦的主要来源。同时，你也很可能会让其他人的生活同样地困难。当然你是看不到的，因为，看起来好像总是别人在这样对待你的。

我们称为"妄想症"的心理疾病也会表现出另外一个症状，也是每个小我都有的成分，但是在妄想症患者身上是比较极端的形式。患者愈是看到自己被他人迫害、跟踪或威胁，他就愈会把自己想象成宇宙的中心，其他的人、事、物都是随着他而起舞。同时他会觉得自己格外地重要和特殊，因为他幻想有那么多人把注意力都聚焦在他身上。他的受害者情结和被那么多人错待的感觉，让他觉得自己格外地特殊。在形成他幻觉系统基础的故事中，他常常赋予自己两种角色，一个是受害者，一个是有潜力的英雄，即将拯救这个世界或是击败所有邪恶的力量。

种族、国家和宗教组织的集体小我也常常有很强的妄想成分：我们和邪恶的"他人"对抗。这也是人类受苦的众多起因之一。西班牙的宗教法庭、起诉并焚烧异教徒和"女巫"，还有导致第一次和第二次世界大战的国与国之间的关系、美苏之间的冷战、美国20世纪50年代的麦卡锡主义、中东长久以来的暴力争端，这些都是被极端的集体妄想症所操控的人类痛苦的戏剧事件。

个人、团体和国家如果愈加地无意识，小我的病态就愈可能以肢体暴力的形式展现。当小我试图坚定它的立场，证明自己是对的而对方是错的，它会使用一种非常原始但却很普遍的方式——暴力。对非常无意识的人来说，争吵很容易就会引发肢体暴力。争吵是什么？就是两个人或很多人都在表达他们的意见，但是彼此的意见相左。每个人都与构成他们意见的思想如此地认同，以至于这些思想变得如此强硬而成为心理的立场，而且他们都投注了自我感在其中。换句话说，身份认同和思想合并了。在这种情形下，当维护我的意见（思想）的时候，我感觉是在防卫我自己，我的表现也如此。无意识地，我会感觉自己好像在为生存而战，我的行为也是如此，所以我的情绪自然会反映出这个无意识的信念。它们变得非常地紊乱。我很烦恼、愤怒、防卫性或是攻击性很强。我需要不计一切代价获取胜利，否则我就会灭亡。这是一个幻相。小我不知道你的心智和心理上的立场与你的本质毫无关系，因为小我就是未受观测的心智本身（unobserved mind itself）。

在禅宗里他们说："不要寻找真理。只要停止重视（cherish）意见就好了。"这是什么意思？放下对心智的认同，那么你超越心智的本质就会自动浮现。

工作——小我存在与否

很多人都有不受小我控制的时刻。在某些领域有特殊成就的人，就有可能在他们工作的时候，完全或是大部分地从小我中解脱。他们可能毫不知情，但是他们的工作本身已经成为一种灵性的修持了。他们大多数都是在工作的时候非常的临在，而在日常生活中又会落回到比较无意识的状态。这意味着他们临在的状态只是暂时地局限于生活中的一个领域而已。我接触过一些老师、艺术家、护士、医生、科学家、社会工作者、服务生、美发师、企业老板还有销售人员，他们工作时并没有在追寻自我，而是完全顺应当时之所需，令人敬佩。他们与工作合一，也与当下合一了，也与当时他们服务的人或是任务合而为一。这些人对于其他人的影响，远超过他们提供的功能所带来的影响。每个和他们接触的人都会感觉到自己小我的缓减。即使那些小我强烈的人，都会开始放松，放下防卫，并且在互动中不再做角色扮演。理所当然的是，这些工作时不带小我色彩的人，在他们的工作中都有杰出的表现。任何与他所做之事合一的人，就是在创建一个新的世界。

我也接触过一些人，他们也许技术上非常到位，但是他们的小我却时时地破坏他们的成果。他们的注意力只有一部分是放在工作上，其他的部分都是在自己身上。他们的小我需要得到个别的关注，如果得不到足够认可的话（可能永远都不够），他们会浪费很多能量在怨恨上面："有其他的人获得比我还多的关注吗？"此外，这些人主要关注的焦点也许是利益或权力，而他们的工作只不过是为了达到目标的手段。当工作变成不过是达到目标的手段时，它就不会是高质量的。当工作中有障碍或困难的时候，当事情不如预期顺利的时候，当其他人或是环境不给予助力或合作时，他们不但不会立刻与这个新的状况合一，而针对当下的情况采取必要的措施，反倒会起而抗拒新的状况，而让自己与它分开。在这里，有一个"我"觉得个人受到了侵犯或是觉得怨恨，而且大量的能量会在无用的反抗或怒气中燃烧殆尽，而这些能量如果没有被小我错误地使用的话，其实是可以用来解决问题的。尤有甚者，这股反抗的能量会创造新的障碍、新的反对势力。很多人真的是自己最大的敌人。

当有些人不帮助其他人、不与其他人分享资讯或是陷害别人，免得别人会比"我"成功或是比"我"得到更多的荣誉时，这反而是不自觉地伤害了自己的工作。对小我来说，合作是个陌生的名词，除非有暗藏的其他动机。小我不知道，你愈是把别人包容进来，事情会进行得愈加顺利，而且各种事物会愈容易流向你。当你不给别人帮助，或是只给别人一点点帮助，或是在别人的路上制造障碍，宇宙（以人、事、物的形式）也不会给你帮助，或是只给你一点点帮助，因为你把自己从整体之中切割开了。小我无意识的核心感受就是"不够"，所以它对别人成功的反应，觉得好像是他们从"我"这里拿走了什么。小我不知道，你对其他人成功的怨恨，反而会阻碍你自己成功的机会。为了要吸引成功，不论你在哪里看到它都要随时欢迎它。

病中的小我

一个疾病可能会强化小我或是减弱小我。如果你抱怨、感到自怜或是怨恨自己的病，你的小我就会获得强化。如果你把疾病当成你部分概念上的身份认同的话，小我也会增强："我是某种疾病的患者。"啊，那现在我们知道你是谁了！而另外有些人，在平常生活中有很强大的小我，但是生病之后，突然之间就变成一个温柔、和善，比以前好很多的人。他们可能获得了在以前正常生活中永远得不到的一些洞见。他们可能接触到内在的领悟和满足，而说出一些智慧的话语。然后，当他们好起来的时候，能量回来了，小我也回来了。

当你生病的时候，你的能量水平是很低的，而有机体的智慧可能会接管，利用剩下的能量来疗愈你的身体，所以没有足够的能量给心智使用，心智指的就是：小我的思考和情绪。小我会耗损大量的能量。然而在有些例子中，小我还是保存了仅有的一点能量，来供自己的目的使用。不用说的是，在病中小我获得增强的人，需要更长的时间才能康复。有些人永远康复不了，所以疾病转变成慢性的，也成为他们虚假自我感永久的一部分了。

集体小我

与自己共处有多困难？小我试图逃离个人自我的空虚不足感时，使用的方法之一，就是借由认同一个团体而扩大和加强它的自我感。那个团体可能是：国家、政党、公司、组织、教派、俱乐部、帮派、足球队等。

在有些例子中，有人奉献他的生命去无私地为一个更大更好的团体目标而工作，完全不求任何个人的回报、赞赏，或是为自己积攒什么。在此，个人的小我似乎完全地瓦解了。从个人自我可怕的负担中解脱出来是多轻松的一件事啊！无论工作得多么辛苦，需要牺牲多少的东西，团体的成员都感到快乐和满足。他们看起来好像都已经超越了小我。问题是：他们是真正的自由了，还是小我只是从个人转化到了团体？

一个集体的小我展现出来的特质和个人小我是一样的，比如说：需要冲突和敌人，需要更多，需要自己是对的，而与其他犯错的人对抗，等等。迟早这个团体会和其他的团体发生冲突，因为它无意识地在寻求冲突，而且它需要对手来界定自己的界限和身份认同。而它的成员在小我驱使的行动中醒来之后，会经验到不可避免的痛苦。在那个时刻，他们可能就此觉醒，而了解到他们所属的这个团体，有强烈病态疯狂的成分。

刚开始的时候，突然之间觉醒过来继而发现你所认同、所工作的团体实际上是病态疯狂的，这可能会让你很痛苦。有些人在那个时候会变得愤世嫉俗或是刻薄，然后否认所有的价值。也就是说，当他们看清楚了前一种信仰系统的幻相，继而梦幻破灭时，他们会很快地采纳另一种信仰系统。他们没能面对自己小我的死亡，反而逃跑到另外一个新的小我上转世重生。

一个集体小我通常比其成员的个别小我还要来得无意识。比方说，群众（一个暂时的集体小我实体）会进行很多暴行，这些是个人在不聚众的情况下不会做的。很多国家有时也会从事一些在个人看起来是心理病态的行为。

当新的意识萌生的时候，有些人会觉得被召唤而组织一些团体来反映出开悟意识。这些团体不会是集体的小我。组成这些团体的个人不需要经由这些团体来定义他们的身份。他们不会再借由任何外相来定义自己。即使这些团体的成员还是没有完全脱离小我，但是在小我冒出头来的时候，他们会有足够的觉知在自己或是别人身上认出它来。然而，因为小我还是会想尽各种办法去试着掌控他人，并且维护自己，所以不间断的警觉性是很重要的。这些团体重要的任务之一，就是把小我带进觉醒之光中去瓦解它。这些团体也许是开悟的企业，慈善机构，学校或是一群住在同一个社区的人。在新意识的扬升中，这些开悟的团体将会起到很重要的功用。如同小我的团体会把你拉进无意识与痛苦之中，这些开悟的团体将会是加速地球转化的一个意识的漩涡。

永生的铁证

小我的诞生，是源自于人类心灵中的分裂，在其中，人的身份被分成两个部分，称之为"主词的我"（I）和"受词的我"（me）或是"受词的我"（me）和"我自己"（myself）。因此，每个小我都是精神分裂的，用比较通俗的说法就是"人格分裂"。你和你自己的心理形象相生相依，这个心理形象就是与你息息相关的概念上的自我。当你提到"我的生命"的时候，生命本身就变成一种概念，并且与你的本质（who you are）分开了。当你提到或是想到"我的生命"，而且对自己所言深信不疑（而不是只把它当成一个惯用词汇）的那一刻，你就进入了幻相之中。如果真有所谓"我的生命"的话，那么我和生命就是两码事了，因此我有可能会失去我的生命，也就是我想象中的宝贵资产。而死亡就会成为一个似是而非的真相，而且是个威胁。话语和概念将生命分解成不相关的片段，这些片段本身不具真实性。我们甚至可以说，"我的生命"这个概念，是分离（separateness）的最原始幻相，也就是小我的源头。如果我和我的生命是两样东西，如果我和生命是分离的话，那么我就与所有的人、事、物都是分离的了。但是我怎么可能与生命分离呢？如果与生命和本体分离，还有什么"我"可以存在呢？这显然是不可能的。因此没有所谓"我的生命"这回事，我并不"拥有"生命，我"就是"生命，我和生命是合一的。事情就是这样。所以，我怎么可能失去生命？我怎么可能失去我原本就没有的东西呢？我怎么可能失去"我本是"的东西呢？这是不可能的！

第五章

痛苦之身（pain body）

很多人思考的过程大多都是不自主的、自动化的以及重复的。这不过是一种精神上的静电干扰，并没有真正的用处。严格来说，不是你在思考，而是思考发生在你身上。当你说"我思考"的时候，是暗示你有自主权。它意味着你对这件事情有决定权，在这里你是有选择余地的。但是对大多数人来说，并不是这么一回事。"我思考"就像"我消化"或是"我循环我的血液"一样，是错误的陈述。消化是自己发生的，血液循环是自己发生的，思考也是自己发生的。

脑袋里的声音有它自己的生命。大部分的人受制于那个声音；他们被思想占有，被心智占有。因为心智被过去所制约，你因而被迫不断地重复演出过去。以东方的词汇来说，就是业力（karma）。当认同于那个声音时，你当然浑然不觉。如果你知道的话，就不会被它占据了。因为只有当误把那个占有你的实体当成自己时，也就是说，当你变成它的时候，你才会真正地被它占有。

几千年来，人类愈来愈被心智所占据，无法认出那个占据我们的实体并不是我们自己。在完全与心智认同的情况下，一个虚假错误的自我感——小我——由此而生。小我的密度取决于你这个意识体，认同于心智和思考的程度。但思考不过是意识整体以及你本质整体中很微小的一个面向。

与心智认同的程度因人而异。有些人偶尔可以享受到短暂的从心智中解放出来时的平安、喜悦和生命力。这些时刻的经历，就让他们的生命充满了价值。在这些时刻中，有时创造力、爱和慈悲也会升起。而其他人则是经常地困在小我的状态中。他们与自己、与周围其他的人和世界都是疏离的。当你看着他们的时候，你会看到他们脸上的紧绷，也许眉头深锁，或是茫然或呆滞的眼神。由于大部分的注意力都被思考所占有，所以他们并不是真的在看着你或听你说话。在任何情况下，他们都无法临在，因为他们的注意力不是在过去就是在未来，而过去和未来当然只是以念头的形式（念相）存在于心智之中。或者他们透过扮演某种角色与你互动，因此也不是以真面目示人。大多数的人和他们自己的本质是如此地疏离，以至于几乎每个人都可以看出他们的行为和与人互动的方式是如此地虚伪，当然，那些和他们同样虚假、同样与自己本质疏离的人，是看不出来的。

疏离的意思是，你在任何情况下、任何地点，或跟任何人，甚至跟你自己在一起时，都无法感到自在。一直想要得到"回家"的感觉，但却总是无法放松自在。20世纪最伟大的几个作家，像卡夫卡（Franz Kafka），加缪（Albert Camus），艾略特（T.S. Eliot），乔伊斯（James Joyce），他们体会出"疏离"是人类存在的一个普遍的困境，也许他们自身就有很深的感触，所以能够在他们的作品中把它表达得淋漓尽致。这些作家并没有提供解决之道。他们的贡献就是：反映我们人类的窘境，让我们更加清楚地看到它。能够清楚地看见自己的窘境，就是迈向超越它的第一步。

情绪的诞生

除了思想的来去流动之外，小我还有一个与思想不是完全无关的面向，那就是：情绪。这并不是说所有的思想和情绪都是属于小我的。只有在认同它们并且被它们完全控制的时候，也就是说，当思想和情绪变成了"我"的时候，它们才会转变成小我。

物质的有机体——你的身体——有它自己的智性，就像其他所有生命形式的有机体一样。智性会对心智之所思所想做出反应。所以情绪就是身体对心智的反应。当然，身体的智性是宇宙智性不可分割的一部分，是宇宙智性无数的显化之一。身体的智性给予组成物质有机体的原子和分子暂时的凝聚力。它是掌管身体所有器官运作的组织原则，包括：氧气和食物转化成能量的过程，心跳和血液循环，保护身体不受侵犯的免疫系统，感官刺激转译为神经冲动，送到大脑去解码，然后再重新组合成一个和谐的、有关外在实相的内在影像。所有这一切以及其他几千个同时进行的身体功能，都由身体的智性协调得尽善尽美。掌控身体的不是你，而是那个智性。它同时也管理这有机体对它周围环境的反应。

对任何的生命形式来说，都是这样的。同样的智性，也把植物带进物质形式然后再从中显化出花朵，并让花朵在清晨绽放，迎向阳光，而在夜晚闭上花瓣。同样的智性，也显化成为大地之母盖娅（Gaia），也就是地球这个复杂的生命体。

同样的智性，也让有机体对任何威胁或挑战升起本能的反应。它在动物身上创造了类似人类情绪的反应：愤怒、恐惧、欢乐。这些本能的反应可被视为是情绪的原始状态。在某些状况下，人类和动物经历本能反应的方式是一样的。在面临危险时，当有机体的生存遭受威胁时，心跳会加速，肌肉会绷紧，呼吸也会加快，好准备战斗或是逃跑（fight or flight）。这是原始的恐惧。当被逼到绝路时，一股强烈的能量会突然升起，给予身体前所未有的力量。这是原始的愤怒。这些本能反应和情绪很相近，但是在字面上的真意并不是情绪。本能反应和情绪之间最根本的差异在于：本能反应是身体对外界情况的直接反应。而另一方面，情绪则是身体对思维的反应。

间接地，一种情绪可能也会是对某种实际情况或事件的反应，但是，情绪对事件的反应是经由心智阐释的过滤，思想的过滤，也就是说，经由"好与坏"、"喜欢与不喜欢"、"我和我的"这些心理上的概念的过滤。比如说，当有人告诉你一辆车被偷了，你应该是不会有什么情绪的。但如果被偷的是"你的"车，你可能会非常地生气。令人惊讶的是，一个小小的心理概念"我的"，就会激起那么强烈的情绪。

虽然身体是很聪明的，但是它却无法分辨实际情况和想象之间的差异。身体对每个思想都会起反应，好像这些思想是真实发生的一样。它不知道那只是一个想法罢了。对身体而言，忧虑、恐惧的思想就等于"我遭受危险了"。于是它就顺应地做出反应，即使当时可能是晚上，而你正躺在一张温暖而舒服的床上，你仍然会心跳加速，肌肉紧绷，呼吸加快，能量随之累积。但是因为这个想象中的危险只是一个心理的幻相，所以这些能量无法宣泄。部分能量转回到心智中，激发更多焦虑的思想。剩下的变成有毒的能量，危害身体的和谐运作。

情绪和小我

小我不仅是未受观测的心智以及在脑袋里老想假扮成你的声音，同时也是身体对脑袋中那声音所说的事情的反应，也就是未受观测的情绪。

我们前面已经看到，大部分的时间，小我的声音都会从事哪些思考，还有，无论思考的内容是什么，小我思考过程的结构与生俱来就功能失调。这种功能失调的思考就会让身体产生负面情绪的反应。

身体相信脑袋中的声音所诉说的故事并对它做出反应。这些反应就是情绪。而这些情绪接下来又把能量反馈给当初创造它的思想。这就是介于未受审查的思想和情绪之间的恶性循环，创造了更多情绪化的思考以及情绪化的杜撰故事。

小我情绪组成的成分是因人而异的。有些小我的情绪成分比较大些。触动身体发生情绪反应的思想有时来得太快，在思想还来不及在心智中成形时，身体已经回应产生情绪，而情绪也转变成了反应。那些思想存在于一个语言未及的阶段，可以被称为未说出口的、无意识的假设。它们源自于过去的制约，通常是从童年早期开始。"人都是不可信赖的"就是一个人无意识假设的例子。这个人最早期的人际关系，也就是说，和他父母与手足间的关系，是缺乏支持而且不能提供信任感的。还有一些常见的无意识假设的例子："没有人尊敬我和感激我。我必须要奋斗才能生存。钱永远不够用。生命总是让你失望。我不配得到财富。我不值得爱。"无意识的假设在身体创造了情绪，然后又制造心智的活动以及（或是）立即的反应。这样一来，它们就创造了个人的实相。

小我的声音不断地打扰身体自然的良好状态。几乎每个人的身体都是在很多的紧张和压力之下，不是因为外在因素的威胁，而是从内在的心智而起的。小我附着于身体之上，身体没有选择，只能回应那些构成小我的所有功能失调的思维模式。如此一来，负面情绪之续流就伴随着不间断的、强迫性的思想续流。

什么是负面情绪呢？就是对身体有害的，干扰身体平衡、和谐运作的情绪。恐惧、焦虑、愤怒、怨恨、悲伤、仇恨或极度的厌恶、嫉妒、羡慕——它们都会阻碍能量流向身体，影响心脏功能以及免疫系统、消化系统、荷尔蒙的分泌等等。即使是主流医药界，虽然对于小我运作的方式所知甚少，但也开始体认到负面情绪状态和身体疾病之间的关联。会对身体造成伤害的情绪也会影响你所接触的人，同时间接地经由一连串连锁反应，也影响到无数你不认识的人。有一个对所有负面情绪的统称就是：不快乐。

那么，正面情绪是否对身体有不同的影响呢？它们是否会加强免疫系统，活化与疗愈身体呢？是的，没错，但是我们必须要区分一下小我产生的正面情绪以及更深层次的情绪之间的差异。这种更深层次的情绪是从你与本体联结的自然状态下散发出来的。

其实，在小我产生的正面情绪之中，已经潜藏了它们很快就会转变成为的反向情绪。举几个例子：小我所谓的爱，其实是占有和上瘾的执著，转瞬间就会变成恨。对未来事件的期盼，其实是小我过度重视未来，当事件结束或是未能满足小我的期待时，很容易就转变成它的相反情绪——打击或失望。某一天，赞美和认可让你觉得有生命力而且很快乐；而另外一天，被批评或是被忽略又会让你觉得沮丧和不快乐。一个狂野派对的欢乐，会以黯然神伤和第二天清晨的宿醉收场。无恶即无善，无低即无高。

小我产生的情绪是从心智对于外在因素的认同而衍生出来的，而外在的因素当然都是不稳定而且时刻变化的。我们前面所说的更深层次的情绪其实不是真正的情绪，而是本体的状态。情绪存在于相对（opposites）的领域之中。本体的状态也许可以被遮掩，但是它们没有相对的反面。它们以爱、喜悦与和平的方式从你的内在散发出来，是你真实本质的面向。

有人类心智的鸭子

在《当下的力量》一书中，我提到对两只鸭子的观察。它们在短暂的冲突之后，会分开然后往相反的方向游去，然后不约而同地用力振动它们的翅膀几次，好释放刚才打架时所累积的多余能量。之后，它们会继续安详地在水面上漂流，好像刚才什么事都没有发生一样。

如果鸭子有人类的心智的话，它会以思维和编造故事的方式，让刚才的冲突继续。鸭子所编造的故事可能是这样的："我真不敢相信它刚才做的事情。它靠近我不到五英寸哪！它以为这个池塘是它的啊！一点也不考虑我的私人空间。我永远都不会再相信它了。下次它一定还会试图再做些什么来惹毛我。我相信它现在就已经在暗中计划了！

但是我可不会就这样忍气吞声。我要好好给它一个永远都不会忘记的教训。"就这样，心智可以不断地编造故事，几天、几个月，甚至几年之后，还是一直在思量、谈论这件事。对身体来说，这场争斗还在持续着，而身体针对这些思想而产生的能量就是情绪，情绪又反过来制造更多的思想。这就变成小我的情绪化思维。你现在就可以看见，如果鸭子有人类的心智的话，它的生活会变得问题重重。然而几乎所有的人都是这样生活的。生活的情境及事件，从未真正地结束。心智和它制造的"我和我的故事"让这些事件一直继续下去。

身为一个物种，我们已经失去方向了。只要我们能够停下脚步，观看，倾听，那么所有大自然界的存在，无论是花朵还是树木，还有动物们，都有重要的功课可以教导我们。我们从鸭子那里学到的教训就是：拍打你的翅膀。意思就是："放下你的故事"——然后回到力量的唯一所在：当下时刻。

怀抱过去

日本禅宗两名和尚的故事，把人类心智无法，或是不愿意放下过去的情形，描述得淋漓尽致。湛山和奕堂两名和尚，走在大雨后泥泞的乡间路上。接近一个村庄的时候，有名年轻女子正准备穿越泥泞的马路，但是因为泥巴太深了，她担心身上的丝质和服会因此而弄脏。湛山当场就背起那名女子，把她送到路的另一边。

两名和尚继续在静默中行进。五个小时以后,快要接近他们投宿的寺庙时,奕堂再也忍不住了,"你为什么背那名女子过马路?"他问道,"你知道我们和尚要遵守清规的。"

"我几个小时以前就已经把她放下了,"湛山回答,"难道你还背着她吗?"

现在请想象,如果有人像奕堂那样,总是无法或不愿意在内在放下生活的情境,并且还继续不断地在内在累积负累,那么他的生活会是什么样子。然后你就可以了解我们这个地球上大多数人生活的面貌了。在这些人的心智中,背负了多么沉重的负担,而这些负担,都是关于"过去"的。

"过去"是以"记忆"的形式在你之内存活,但是记忆本身并不是问题。事实上,经由记忆,我们才能从过去和过去的错误中记取教训。只有当记忆(就是有关过去的思想)完全地掌控你的时候,它们才会变成负担,变成问题,而成为你自我感的一部分。你被过去所制约而形成的个性,就成了你的牢笼。你把自我感投注在记忆之中,视这些故事为你自己本身。这个"渺小的我"就是遮蔽你真实身份的幻相,让你看不见自己是永恒无形的临在。

然而,你的故事不仅仅包括了心智的记忆,也有情绪的记忆——不断地被反刍的陈年情绪。就像那名和尚,他不断地用思想在喂养他背负了五个小时的不满。大部分的人,终其一生,都背负了很多不必要的重担——心理上和情绪上的。经由怨恨、后悔、敌意和罪疚,他们限制了自己。他们情绪化的思考已经变成了他们的自我，所以他们必须要紧抓着这些旧有的情绪不放，以加强身份认同。

因为人类倾向于让旧有的情绪恒久存在，所以几乎每个人都带着累积已久的过往情绪伤痛的能量场，我称之为"痛苦之身"。

然而，我们可以停止在现有的痛苦之身上添油加醋。借由象征性地拍打我们的翅膀，避免心理一直盘桓在过去（无论是昨天还是三十年前发生的），我们可以学习破除累积和留存陈年情绪的习惯。我们可以学习不让情境或事件在我们的脑海中一直存活，而让我们的注意力持续地回到原始的、永恒的当下时刻，而不会陷在内心所制作的电影中。这样一来，我们的临在，而不是我们的思想和情绪，就会变成我们的身份。

任何过去发生的事情，此刻都无法阻止你活在当下；而如果过去无法阻止你此刻活在当下，那么它还有什么力量可言呢？

个人和集体

当任何负面情绪升起，如果在当下不能完全地以它的原貌被面对和看见的话，它就不会完全地消失，而会遗留下来一些残余之痛。

特别是孩子，他们会觉得有些负面情绪过于强烈而无法面对，因此会试图不去感受它们。如果没有一个完全有意识的成人，在旁边以爱和慈悲的理解去指导他们直接面对情绪的话，在那一刻，孩子的唯一选择，就是不去感受情绪。很不幸，当孩子长大成人时，那个早期的防御机制通常还是存在。那个未受认可的情绪一直在他或她之内存活，然后以间接的方式显现出来，像焦虑、愤怒、突发的暴力、郁闷的心情，甚至身体上的疾病。在有些例子中，它还会妨碍或是破坏每一份亲密关系。大部分的心理治疗师都碰到过一些病人，刚开始的时候，都说自己的童年非常快乐，最后的事实却完全相反。这些也许是比较极端的例子，但是没有人的童年可以免于情绪伤痛的。即使你的双亲都开悟了，你还是在一个大部分都是无意识的世界中长大。

那些没有被完全面对、接纳和放下的强烈负面情绪，会残留余痛，然后会结合起来形成一个能量场，在你身体的每个细胞中存活。它不仅包括了童年时的痛苦，还有后来在青少年以及成人时期加诸其上的痛苦情绪，而这些大部分都是小我的声音创造的。当虚假的自我感是你生活的基础时，你生活当中不可避免的伴侣就是这种情绪上的痛苦。

这个在每个人之中存活的能量场，是由陈旧但却仍然十分活跃的情绪所组成的，它就是痛苦之身。

然而，痛苦之身的本质并不是个人化的。它也继承了无数人在人类历史上所受的痛苦，包括不断的种族战争、奴役、掠夺、强暴、虐待，还有其他形式的暴力。这些痛苦还是存留在人类集体的心灵中，而且每天都还在不断地增加。只要你收看今晚的新闻或是看一下人际关系之间的剧码，就能够得到印证。人类集体的痛苦之身很可能已经编入每个人的DNA（基因）之中了，虽然我们还没有在DNA中找到它。

每个新生儿来到这个世界上时，就已经带着情绪的痛苦之身而来了。有些痛苦之身比较沉重，稠密。有些婴儿大部分的时间都很快乐，但有些内在却好像带着极大的愁烦降生。虽然有些婴儿是因为照顾和关爱不够而啼哭不止，但有些却无缘无故哭泣不休，似乎要让周围的人也和他们一样地不快乐，而通常他们都能做到。这些婴儿分担着一部分很沉重的人类痛苦而来到这个世界。还有些婴儿常常哭泣，是因为他们可以感受到父母散发出来的负面情绪，这让他们十分痛苦，而他们本身的痛苦之身，也会借由吸收父母痛苦之身的能量而增长。不管是哪一种情形，随着婴儿身体的成长，痛苦之身也随之而长。

一个痛苦之身比较轻微的婴儿，相较于那些痛苦之身较为沉重的婴儿，长大成人以后，不一定会在灵性方面进化得比较快。事实上，情况通常是相反的。有沉重痛苦之身的人，与痛苦之身较轻微的人相比，通常比较容易在灵性方面觉醒。虽然有些人还是困在厚重的痛苦之身中无法动弹，但很多人到了一个地步会再也无法忍受自己的苦恼，因此他们想要觉醒的动机就会变得很强。

为什么耶稣受难的身体——因痛苦而扭曲的脸孔，因无数创伤而流血不止的身体，在人类集体意识中是如此重要的一个形象？数百万人，尤其是在中世纪时代，如果不是因为自己的内在和它起了共鸣，如果不是无意识地认出了它正是他们内在实相（痛苦之身）的外在显现的话，就不会与之产生如此深的联结。他们的意识虽然还不足以直接地在自己内在辨识出痛苦之身，但这是开始觉知到痛苦之身的第一步。基督可被视为人类的原型，具体显现了人类的痛苦和转化超越的可能性。

痛苦之身如何更新自己

痛苦之身是存活在大多数人之内的半自动化能量形式，是一个由情绪组成的实体。它有自己原始的智力，和一个狡猾的动物差不多，它的智力大部分都是应用在求取生存上。和所有的生命形式一样，它定期需要喂养——吸收新的能量——而它所赖以维生的食物就是与它自身能够相应的能量，也就是说，和它振动频率类似的能量。任何痛苦的情绪经验都可以作为痛苦之身的食物。这就是为什么它会因负面思想以及人际关系当中的戏剧事件而茁壮成长。痛苦之身就是对不幸的瘾头。

当首次发现，在你之内居然有个实体需要定期地寻求负面情绪和不幸时，你也许会很震惊。你需要更多的觉知，才能在自己身上看到痛苦之身，而在别人身上认出它是比较容易的。一旦那种不快乐的情绪掌控了你，你不但不想停止，反而还想让其他人和你一样地悲惨，好以他们负面的情绪反应为食。

在大多数人之中，痛苦之身有静止期和活跃期。当它静止时，你很容易就忘记你内在有一片沉重的乌云，或是正在休眠的火山，这两种情形是根据你个别痛苦之身的能量场而定的。静止期的长度因人而异：最常见的是几个星期，但是也可能是几天或是几个月。一些罕见的例子中，痛苦之身可以冬眠好几年，才被某些事件触动而醒。

痛苦之身如何以你的思想为食

当痛苦之身感到饥饿时，就会从休眠状态中苏醒，准备开始觅食。还有就是，它也可能在任何时间被一件事情给触发。准备要觅食的痛苦之身，可以经由最微不足道的小事而被触动，像别人说了或做了什么，甚或是一个思想。如果你独居或是当时没有别人在身边，痛苦之身就会以你的思想为食。突然之间，你的思绪就会变得极端负面。你可能无法察觉到，在那些蜂拥而至的负面思想出现之前，一波负面情绪早以黯淡而沉重的心情，或是焦虑、暴怒的方式，侵略了你的心智。所有的思想都是能量，而此刻痛苦之身正是以你思想的能量为食。但并不是所有的思想都可以供它食用。你不必特别敏感就可以察觉到，一个正面的思想与负面的思想是有完全不同感受的。它们是相同的能量，但是振动的频率却不同。一个快乐、正面的思想对痛苦之身来说是无法消化的。它只能以负面思想为食，因为只有这些思想和它的能量场是相合的。

万事万物都是不断振动的能量场。你坐的椅子，还有你手上拿的书，看起来好像是坚实而且固定的，因为这是你的感官感知它们振动频率的方式。也就是说，分子、原子、电子、亚原子的粒子，它们不断地振动，因而共同创造了你看起来是椅子、书本、树木或身体的东西。看起来像是物质的实体，实际上是能量以一种特定范围的频率振动（运动）的结果。思想的能量也是一样的，但是它的振动频率比物质来得高，所以看不见也摸不着。思想有它们自己振动的频率范围，负面思想的振动频率较低，正面情绪的频率则较高。痛苦之身的振动频率和负面思想的振动频率能够产生共鸣，这就是为什么痛苦之身只能以负面思想为食。

思想导致情绪的常见模式，在痛苦之身的例子中是相反的，至少一开始的时候是这样。从痛苦之身而来的情绪很快地掌控了你的思考，一旦你的心智被痛苦之身接管了之后，你的思考就变成负面的了。你脑袋里的声音会一直诉说着一些悲惨、焦虑或是令人愤怒的故事——有关你自己或是你的生活、其他人、你的过去、未来或是想象的事件。那个声音还会责怪、控诉、抱怨或是想象。而你是如此地认同于那个声音所说的事，完全相信它扭曲的观点。在那个时候，对不幸的瘾头就开始了。

其实，不是你不能阻止自己一连串的负面思想，而是你不愿意。因为在那个时候，痛苦之身经由你而活出来了，而且还假装是你。对痛苦之身来说，痛苦是乐趣。它贪婪地吞食每一个负面思想。事实上，平常在脑袋中的那个声音现在就变成痛苦之身的声音了。它接管了内在对话。然后在痛苦之身和你的思考之间就开始了一个恶性循环。每个思想都在喂养痛苦之身，而痛苦之身又回报以更多的思想。到一定程度，也许是几个小时甚至几天以后，它饱足了，然后又回到它休眠的状态，留下的是耗损了很多能量的有机体，还有非常容易受疾病侵犯的身体。听起来它好像是个心灵寄生虫，没错，这就是它的本色。

痛苦之身如何以戏剧化事件为食

如果有其他的人在场，特别是你的伴侣或是亲密的家人，痛苦之身就会试图去激怒他们——也就是说去"按他们的按钮（push their buttons）"——而以接下来的剧码为食。痛苦之身最喜欢亲密关系和家庭关系，因为这是它们食物的主要来源。当他人的痛苦之身决定要把你拖下水来一起唱戏时，你是很难抗拒的。它直觉地就会知道你最弱和最痛的点在那里。如果第一次没有成功的话，它会一试再试。痛苦之身是一个未成熟的原始情绪，还在寻求更多的情绪。对方的痛苦之身想要唤醒你的，好让两个痛苦之身彼此用能量供养对方。

很多人际关系，都会定期演出暴力和破坏性痛苦之身的插曲。对一个孩子来说，目睹双亲痛苦之身演出的情绪暴力，是无法忍受的痛苦。但这却是全世界上百万名儿童的命运，也是他们每日面对的噩梦。这也是人类的痛苦之身世代传递的主要方法之一。在每个插曲之后，伴侣们和好了，然后在小我能够容忍的极限范围内，会有一段相对平静的日子。

酗酒过量常常会激发痛苦之身，尤其是对男人而言，当然有些女人也是。当一个人喝醉的时候，痛苦之身掌控了他，因此他的性格就会大变。一个极度无意识的人，如果他的痛苦之身习惯以肢体暴力为食的话，通常会对他的配偶或孩子暴力相向。当他清醒的时候，他会觉得非常抱歉而且会说他下次再也不会这么做了，而且他是很认真的。然而，在说话和提供保证的人，并不是那个诉诸暴力的人，所以你可以确定这种事情会一再发生，除非他能够学会临在，能够辨识出自己之内的痛苦之身，因而撤离对它的认同。有的时候，一些适当的心理辅导可以帮助他做到。

大部分的痛苦之身都同时要加诸痛苦给别人，并且让自己承受痛苦，但有些会是比较倾向做加害者或是受害者。两者都以暴力为食，不管是情绪暴力或是肢体暴力。有些觉得自己"坠入情网"的情侣，其实是双方的痛苦之身非常互补因而产生吸引力。有时加害者与受害者的角色在双方第一次见面的时候就已经指派好了。有些原来以为是天作之合的婚姻，到头来才发现原来是地狱制造的。

如果你曾经养过猫，你就知道，即使看起来它好像睡着了，它还是知道周遭发生的事，因为只要有丝毫不寻常的声音出现，它的耳朵就会向声音来源处移动，眼睛也会稍稍张开。休眠中的痛苦之身也是如此。在某个层面上，它们还是醒着的，伺机而动地不放过任何一个可以触发它们的机会。

在亲密关系中，痛苦之身通常都会狡猾地处于低姿态，直到两个人开始同居，或最好就是签下了一纸合约，承诺余生都要与对方共度。你不仅仅是与你的妻子或是丈夫结婚，你也和他／她的痛苦之身结合——对方也和你的结合。有一天，也许就是在同居不久或是蜜月期的时候，你突然发现伴侣的个性完全改变了，这可是非常令人吃惊的。可能就是为了一件相对来说的小事，她会用尖锐刺耳的声音控诉你，指责你，或是怒骂你。或是她会变得对你冷漠疏远，你会问，"怎么了？""没事。"她说。但是她身上散发出强烈敌意的能量却在说："可有事了！"当你看她的眼睛，它们不再有光彩；好像有一层厚重的帘幕已经落下，你认识和爱慕的那个存在，以前是可以穿透小我而闪耀出来的，现在却完全看不到了。回视你的，是一个完全陌生的人，她的眼中充满了仇恨、敌意、怨恨或是愤怒。当她和你说话时，开口说话的不是你的配偶或伴侣，而是痛苦之身透过他们在说话。她说的都是痛苦之身版本的实相——一个完全被恐惧、敌意、愤怒和想要别人和自己更加痛苦的欲望所扭曲的实相。

在此你会怀疑这到底是不是你伴侣的真面目，对你来说如此陌生，而你是否犯了可怕的错误，竟然选择了对方？当然，它不是真面目，只是暂时接管的痛苦之身。想要找到没有痛苦之身的伴侣是非常困难的，但是选择一个痛苦之身不是过于沉重的伴侣应该是较为明智的。

沉重的痛苦之身

有些人的痛苦之身非常沉重，从来无法完全休眠。他们虽然在微笑、很有礼貌地谈话，但是你不需要有特异功能就可以感觉到他们表相下沸腾的负面情绪，随时都在等待下一个让他们起反应的事件，下一个让他们去责怪或是对抗的人，下一个让他们不快乐的事。他们的痛苦之身贪得无厌，永不饱足。他们扩大了小我对敌人的需要。

经由对事件的过度反应，相对来说的小事都会被不成比例地扩大，因为他们要让其他的人也产生负面反应，好拖他们一起下场演戏。有些人会陷入漫长而最终毫无意义的斗争，或是和某些机构及个人展开法庭诉讼。有些人则深陷在对过去的配偶或伴侣的仇恨当中而无法自拔。由于无法觉知到自己内在持有的痛苦，他们只有经由对事情的过度反应，把痛苦投射到生活事件和情境中。由于完全缺乏自我觉察，他们无法分辨出事件本身和他们对事件的反应，这两者之间有什么不同。对他们来说，不幸，甚至是痛苦本身，是在那个事件或情境之中。由于对自己的内在状态毫无意识，他们甚至不知道自己非常地不快乐，而且在受苦。

有时这些有沉重痛苦之身的人会成为各种运动的活跃分子。他们投入的运动本身可能很有价值，而他们在刚开始时也可以成功地做好一些事。然而，他们所说和所做的，都带有负面的能量，而且他们无意识地需要敌人和冲突，这些都会逐渐地对他们所投入的运动产生阻力。通常最后他们都会在自己的组织中制造出敌人，因为无论他们去哪里，都可以找到让他们不好过的理由，所以他们的痛苦之身可以持续找到它要追寻的东西。

娱乐、传媒和痛苦之身

如果你对我们当代的文明不是很熟悉，或是你是从另外一个年代或是其他星球刚刚来到地球的话，有一件会让你很惊讶的事就是，上百万的人喜爱而且花钱去观赏人类如何自相残杀、互相虐待，然后称它为"娱乐"。

为什么暴力电影会吸引那么多的观众？这个产业的主要目的，就是要助长人类对不幸的瘾头。很显然，喜欢看那些电影的人是因为他们想要觉得难过。到底人的内在有什么东西是喜欢去感觉难过，然后称之为好的？当然，就是痛苦之身。整个娱乐界的很大部分都是在豢养它。因为，除了过度反应、负面思考、个人戏剧化事件之外，痛苦之身也透过电影和电视荧屏的替代方式来延续自己。痛苦之身撰写和制作这些影片，然后痛苦之身花钱去观赏它们。

那么，放映和观赏电视和电影银幕上的暴力是否就一定不对的呢？是否所有的暴力都是在豢养痛苦之身呢？在人类现阶段进化的过程中，暴力不但处处可见，而且还不断在增加。它以旧有小我意识的形态，被集体痛苦之身扩大，在最终注定毁灭之前还会再继续加强。如果电影能够以一个更宽广、长远的角度来演绎暴力，如果电影能够显示出暴力的根源和后果，显示出它对受害者和加害者的贻害，显示出藏匿在暴力之后的集体无意识以及后者（在人类内在以痛苦之身存在的愤怒和仇恨）如何被一代代地延续下去，那么，这些电影在人类觉醒的过程中就能起到一个重要的作用。它们可以充当一面镜子，让人们看到自己的疯狂。若你能够认出内在的疯狂（即使是你自己的），就是精神正常，就是正在扬升的觉知，也就是人类疯狂的终结。

这类影片的确也存在，而且它们不会在痛苦之身上火上加油。有些极佳的反战电影就能如实地展现战争的原貌，而不是给它加上光环。喂养痛苦之身的电影会把暴力描写成正常或是值得赞赏的人类行为，或是把暴力视为一种光荣，而它的唯一目的就是让观众产生负面情绪，好让对痛苦上瘾的痛苦之身得偿所愿。

坊间流行的八卦新闻大多都不是在传播新闻，而是在散布负面情绪——痛苦之身的食物。"暴行！"斗大的字样在头条上惊声尖叫，或是"混账"！英国的小报更是个中翘楚。它们知道负面情绪比真正的新闻可以增加更多的销量。

一般来说，新闻媒体有一个普遍的现象，包括电视新闻，那就是：以负面消息为生。事情愈糟糕，新闻主播愈兴奋，而通常这种负面的兴奋是由媒体本身带动的。痛苦之身爱死它了。

女性集体的痛苦之身

痛苦之身的集体面向有它的不同之处。部落、国家和种族都有他们自己的集体痛苦之身，有些较为沉重，部落、国家、种族中大部分的成员或多或少都分担了其中的一部分。

几乎所有的女性都负担了集体女性的痛苦之身,尤其在月经来潮之前最容易被触发。在那段期间,很多女性深受强烈的负面情绪所苦。

过去两千年来对女性特质的打压,导致小我在集体人类心灵中占了绝对优势的主导地位。虽然女性也是有小我的,但是小我在男性的生命形式之中比较容易扎根生存。这是因为女人不像男人那样与他们的心智认同。女性与内在身体和有机体的智性是比较有联结的,而直觉的本能也是源自于此。女性的生命形式也不像男性那样封闭,对其他的生命形式比较开放和敏感,更与大自然比较合拍。

如果在我们的地球上男女能量的平衡不曾被破坏的话,小我的扩张就可以大大地被抑制。人类就不会对大自然宣战,而且我们也不会与自己的本体如此地疏离。

为了扫除异端,罗马天主教会组织的"神圣宗教法庭",在三百年间,人们确信他们虐待和杀害了300万到500万名的女性,但准确的人数没有人知道,因为史无记载。这段历史显然可以和纳粹大屠杀并列为人类历史最黑暗的一章。如果一个女人表现出她对动物的喜爱,或一个人在田野或树林中漫步,或是收集草药,这些证据就足以让她被冠上女巫的封号,而在木柱上被凌虐烧死。神圣的女性特质被宣告为邪恶的,而这个特质大部分的向度都从人类经验中消失了。其他的文化和宗教,像犹太教、伊斯兰教,甚至佛教,也都会压抑这些女性特质的向度,虽然采取的是较温和的方式。女性的地位因此而沦为生孩子的工具和男人的资产。那些压抑女性特质甚至也否认自己内在女性特质的男人，正在主导这个世界，一个完全失去了平衡的世界。人类其他的历史，也都是疯狂史，或者说，疯狂史的典型例证。

这种对女性特质的恐惧，只能用严重的集体偏执狂来形容。而究竟谁要为此负责呢？我们可以说：当然，男人要负责。但是，为什么在基督教之前的那些古老文明，如苏美尔文明（Sumerian），埃及文明，凯尔特文明（Celtic）等，都尊崇女性，而且不但不畏惧，反而赞扬女性的特质？到底是什么，让男性突然之间感到女性的威胁？答案是：男性内在那个正在进化发展的小我。这个小我知道，只有经由男性的生命形式，它才能完全掌控地球，为了要达到这个目的，它必须让女性软弱无力。

随着时间的推移，小我也掌控了大部分的女人，虽然它无法在女性的内在，像在男性之内那样深入地扎根。

目前的状况就是，女性特质的压抑已经内化了，甚至对大多数的女性来说也是如此。由于长久的压抑，很多女性感受到神圣的女性特质的时候，对她们而言是种情绪上的痛苦。事实上，它已经转化成为她们痛苦之身的一部分，和千年来女性饱受生育、强暴、奴役、虐待和暴力死亡累积的痛苦结合在一起了。

但是现在事情有了快速的变化。很多人愈来愈有意识，小我正逐渐失去了对人类心智的控制。因为小我从未深植于女性，所以它在女性方面的失控较男性快速。

国家和种族的痛苦之身

有些国家，由于长期忍受各种持续不断的集体暴力行为，它们的痛苦之身比其他国家来得沉重。这就是为什么，历史悠久的国家的痛苦之身也会比较强大。同样的，比较年轻的国家，像加拿大或澳大利亚，还有那些受周围的疯狂影响较小的国家，像瑞士，会有比较轻微的集体痛苦之身。当然，在这些国家中，人们还是会有他们个人的痛苦之身要应付。如果你够敏感的话，在某些国家，你一下飞机就可以感觉到它们能量场中的沉重感。在其他的国家，你可以感觉到在日常生活的表象下，有一个潜在的暴力能量场。有些国家，比如说中东地区，集体痛苦之身是如此地强烈，使得大部分的人们，不得不反复采取无止境和疯狂循环的犯罪及报复行为，以将它表现出来，如此痛苦之身才可以不断地更新。

在那些痛苦之身沉重但不强烈的国家，人们逐渐地试图想要麻醉自己，以逃离集体的情绪痛苦。在德国和日本，人们借由工作来麻痹自己，其他的国家则经由广泛地滥用酒精（然而酒精反而是会激发痛苦之身的，尤其是使用过量的时候）。中国沉重的痛苦之身，因为广为流行的太极拳的修炼而减轻。每天在城市街道上和公园中，上百万的人在练习这种可以让头脑平静的动态冥想。这使得他们的集体能量场有显著的不同，可以帮助减少思维、创造临在，既而减轻痛苦之身。

任何与身体有关的灵修方式，像太极、气功和瑜伽，现在也逐渐为西方世界所接受。这些修炼方式不会在身体和灵性间创造分裂，同时对减弱痛苦之身也很有帮助。它们会在全球意识觉醒上扮演重要的角色。

由于被迫害了好几百年，犹太民族集体的痛苦之身是很明显的，显而易见的是，北美土著们的痛苦之身也很强大，因为他们的人数曾被大量地削减，而他们的文化几乎都被来自欧洲的移民给摧毁了。美国黑人的集体痛苦之身也是相当明显的。他们的祖先被残暴地连根拔起，殴打屈从，并且被卖为奴。美国经济繁荣的基础来自于四五百万黑奴的辛苦劳力。事实上，美国土著和黑人所遭受的痛苦，不仅残留在这两个种族之中，也变成了整体美国人痛苦之身的一部分。受害者与加害者总是会同时遭受到任何暴力、压迫和残忍行为的苦果。因为你对他人做的事，都会回到你自己身上。

在你的痛苦之身当中，哪些部分是属于你的国家或种族的，哪些部分是属于你个人的，其实一点也不重要。无论是哪一部分，你只能借由此刻为你的内在状态负起责任而超越它。即使怪罪别人看起来是合理的，只要你责怪别人，你就是在用思想喂养你的痛苦之身，而且被困在小我之中。这个世界上只有一个邪恶的迫害者，那就是：人类的无意识。能够领会到这个就是真宽恕。有了宽恕，你的受害者身份就会化解，而你的真正力量会浮现——临在的力量。与其诅咒黑暗，不如带来亮光。

第六章
破茧而出，重获自由

从痛苦之身获得解脱的起步，就是要先了解到你有一个痛苦之身。然后，更重要的是，在你的能力范围内，尽量保持足够的临在和警觉，能够在痛苦之身被触动的时候，觉察到它是一群蜂拥而至的负面情绪。当痛苦之身被认出来以后，它就不能再假装是你，经由你而活出和更新它自己了。

你有意识地临在会打破与痛苦之身的认同。当你不再认同它的时候，痛苦之身就不会再控制你的思考，因此也无法经由喂养你的思想而继续更新自己。在大部分的情况下，痛苦之身不会立刻因此而瓦解，但是一旦切断了它和你思想间的联系，它就开始流失能量了。你的思绪就不会再被情绪的乌云所笼罩，你当下的认知就不会被过去所扭曲。困在痛苦之身中的能量就会改变它的振动频率而转化成为临在。这样一来，痛苦之身反倒成了意识的助力。这就是为什么，在我们这个地球上最有智慧、最为开悟的男女之中，很多人都曾经有过非常沉重的痛苦之身。

无论说什么、做什么，或是以何种面貌面对这个世界，你都无法隐藏心理情绪的状态。每一个人都会散发出一个与内在状态相应的能量场，而大多数人都能感受到，即使只是下意识地感受到别人散发的能量。这就是说，他们不知道自己感受到了，但是这种感受会相当程度地影响他们对那个人的感觉，还有回应的方式。有些人在与人初次见面，甚至还没开口交谈之前，就可以很清楚地觉知到对方的能量场。然而过了一会儿，话语就开始掌控这份关系，而一旦开口交谈时，人们就会习惯性地开始扮演角色。注意力就会转向心智的范畴，而感受对方能量场的能力就会大大地减弱了。然而，你还是会在无意识的层次感受到它。

当你知道痛苦之身会无意识地寻找更多痛苦，也就是说，会期待坏事的发生，那你就会知道，很多交通事故都是在驾驶人痛苦之身正活跃的时候发生的。当两个痛苦之身都正活跃的驾驶人，同一时间到达一个交通路口的时候，发生交通事故的概率就会变得很高。他们两人都无意识地想要事故发生。痛苦之身在交通事故当中扮演的角色，在所谓的"公路暴怒"（road rage）的现象中最为明显。在那种情况下，驾驶人会因为一点小事，比如说在他前面的人开得太慢，就采取肢体暴力行为。

很多暴力行为，都是由暂时变成疯子的"正常"人所犯下的。在全世界法院开庭的时候，你都会听到辩护律师说："这是完全偏离本性的行为。"而被告会说："我不知道我怎么了！"就我所知，还没有辩护律师会对法官说——也许这一天不远了——"这是限定责任能力的案例。当事人的痛苦之身被激发了，他不知道他自己在做什么。事实上，不是他做的，是他的痛苦之身做的。"

这是否意味着：当人们被痛苦之身掌控的时候，就无法为自己的行为负责了呢？我的答案是：他们怎么负责？当你无意识的时候，当你不知道你在做什么的时候，你怎么负责？然而，从万物长远的发展来看，人类是注定要进化成为有意识的本体的，而不进化的人就会因他们的无意识而受苦，因为他们与宇宙进化的脉动不一致。

不过，这种说法也只是相对地真实而已。从一个更高的角度来看，你是无法与宇宙的进化不一致的。即使人类的无意识和它所产生的痛苦，也都是那个进化的一部分。当你不能够忍受痛苦的无尽循环时，你就会开始觉醒。所以痛苦之身也是更长远发展计划中必要的一部分。

临在

一个三十多岁的女人来见我。当她和我打招呼的时候，我可以感应到她那礼貌和肤浅微笑之下的痛苦。她开始诉说她的故事，不到一秒钟，她的微笑就变成扭曲的痛苦。然后，她开始无法抑制地啜泣。她说，她感觉到寂寞而且空虚，很多的愤怒和悲伤。当她还小的时候，就被她父亲以肢体暴力虐待。我很快地看出，她的痛苦不是现在的生活情境所造成的，而是由一个特别强大的痛苦之身所引发的。她的痛苦之身已经成为她看待生活情境的一个过滤器了。她无法看到情绪上的痛苦和思想之间的联结，因为她与两者完全地认同。她也无法看到她在用思想喂养她的痛苦之身。换句话说，她与一个重担一起生活着，那就是——极度不快乐的自己。然而，在某个层面上，她一定也了解到，她的痛苦是源自于她自己，而且她是自己的一个重担。她已经准备好要觉醒了，这就是她来我这里的原因。

我引导她聚焦在她身体内部的感觉上，同时要她直接去感受情绪，而不要经过她不快乐思想和不快乐故事的过滤去感受情绪。她说她来这里是期待我能教她脱离不快乐的方法，而不是进入不快乐当中。然而，她还是勉强做了我要她做的事。泪水顺着她的脸庞滑落，她整个身体都在战抖。"在此刻，这是你的感受，"我说，"对于眼前这个事实，你什么也不能做，因为这就是你此刻所感受到的。现在，如果你希望此刻能有所不同的话，你就是在既有的痛苦上雪上加霜，所以，你是否可以完全接纳，这就是你此刻的感受？"

她沉默了一会儿。突然间她变得很不耐烦，好像马上要站起来一样，并且愤怒地说："不！我不要接受这个！""这是谁在说话？"我问她，"是你还是你内在的不快乐？你看得到你对于你不快乐这件事的不快乐，又是另外一层的不快乐吗？"她又沉默了。"我不是要你去做任何事。我只是要你看看你是否可以允许这些情绪存在。换句话说，听起来也许有点奇怪，如果你不介意自己的不快乐，那么你的不快乐会怎么样呢？你不想了解一下吗？"

她有点短暂的困惑，安静地坐了一分钟左右，我突然注意到她的能量场有显著的转变。她说："很奇怪。我还是很不快乐，但是现在它的周围有空间了，好像不是那么重要了。"这是我第一次听到人家这样形容：有空间在我不快乐的周围。当然，那个空间的出现，是因为内在能够接纳当下时刻所经历到的一切。

我没多说其他的话，好让她继续停留在那个经验中。过了一会儿，她了解到，当她停止认同于那个感觉——就是住在她里面的那个老旧的痛苦情绪，并且把注意力直接放在情绪上而不试图去抗拒它的时候，它就无法再控制她的思想，继而和心智编造的所谓"不快乐的我"的故事搅混在一起了。另外一个超越她个人过去的向度（就是临在的向度），就进入了她的生命中。如果没有一个不快乐的故事的话，你是无法不快乐的，所以这就是她不快乐的终结。这也是她痛苦之身终结的开端。情绪的本身并不是不快乐，只有情绪再加上一个不快乐的故事，才会构成不快乐。

当我们的谈话结束后，我很满意自己目睹了另一个人临在的扬升。我们以人的形式存在的主要理由，就是要把那个向度的意识带进世界中。我也同时目睹了痛苦之身的削减，不是经由与它抗争，而是借由带进意识之光。

当她离开几分钟以后,有个朋友来我这里送点东西。当她一踏进我的房间,就说:"这里发生了什么事?我觉得这里的能量很沉重而且浑浊。我都快吐了。你要把窗户打开,熏一些香。"我解释说我刚才目睹了一个痛苦之身很沉重的人做了一个重大的释放,而她感觉到的一定是刚才释放出来的能量。然而我的朋友不想留下来多听,她马上就要走人。

我打开窗户,然后到附近一家印度餐厅吃晚餐。在那里发生的事,更加清楚地证实了我已经确知的事情:在某个层面,所有看起来是各自独立的痛苦之身,其实是有一定联系的。但是,接下来这个让我获得证实的方式还是令我惊诧不已。

痛苦之身的反扑

我找了张桌子坐下来然后点了餐。餐馆里还有一些其他的客人。一个坐在轮椅上的中年人,坐在我附近的一张桌子,刚刚吃完他的饭。他快速而紧张地看了我一眼。几分钟过去了,突然他变得焦躁不安,他的身体开始抽动。服务生过来收他的盘子。男人开始向服务生挑衅,"这东西难吃死了,真恶心!""那你为什么还吃了呢?"服务生问。这句话真的惹火了他。他开始叫嚣、怒骂。从他的嘴里吐出粗俗的字眼,强烈的、暴力的仇恨充满了房间。每个人都可以感觉到那种能量进入了自己身体的细胞里，想要寻找依附的对象。然后他又开始对别的客人吼叫，但是不知为何就是完全避开了坐在强烈临在里的我。我怀疑这是人类集体的痛苦之身反扑回来告诉我，"你以为你打败我了。看！我还在这儿呢！"我认为还有一个可能就是，那些在我房里被释放出来的能量，在治疗结束后尾随我到了餐馆，然后把自己附着在一个与它能量振动频率最相近的人身上，也就是有沉重痛苦之身的人身上。

餐馆经理打开大门，说："走吧！走吧！"那个男人坐在电动轮椅上冲了出去，留下一屋子的惊愕。一分钟过后，他又回来了。他的痛苦之身还没善罢甘休。它还要更多。他用轮椅推开了大门，狂骂脏话。一个女服务生试图阻止他进来。他把电动轮椅设到快速行进，把她一路推到墙边。其他的客人跳起来试着把他拉开。尖叫声、咒骂声，一团混乱。过了一会儿警察到了，那个男人安静下来，被勒令离开不准再回来。那个女服务生还好没受伤，只是腿上有点淤青。闹剧结束后，餐厅经理到我的桌边——半开玩笑，但可能直觉上知道有某些关联，问我："是你搞的吗？"

孩子的痛苦之身

小孩子的痛苦之身有时会以心情不佳或是退缩的状态表现。孩子会变得闷闷不乐，拒绝交流，可能坐在角落抱个娃娃或是吮吸拇指。

也可能会啼哭不休，或是大发脾气。或者会尖叫，在地上打滚，而且变得很有破坏性。索求未遂的时候，痛苦之身就很容易被触动，而对孩子正在发展的小我来说，需求会是很旺盛的。父母可能无助、困惑而且不可置信地看着他们的小天使在几秒钟之内就变成了小怪物。"这些不快乐到底是从哪里来的？"父母很疑惑。这种情形，或多或少是因为孩子分担到了人类的集体痛苦之身，而人类集体痛苦之身追本溯源又回到了人类的小我身上。

孩子也有可能从父母那里承接了他们的痛苦之身，所以父母可能会在孩子身上看到自己的影子。高度敏感的孩子也特别容易被父母的痛苦之身影响到。目睹父母演出的疯狂戏码，带给孩子无法承受的情绪痛苦，所以这些敏感的孩子长大以后就常常会有沉重的痛苦之身。很多父母想要在孩子面前隐藏痛苦之身，所以商量好，"我们不可以在孩子面前吵架。"这是骗不了孩子的。因为即使父母试着保持礼貌来说话，但是家庭中还是会弥漫着负面能量。被压抑的痛苦之身极度地有毒性，甚至比公开活跃的痛苦之身毒性还大，这个心灵上的毒害会被孩子吸收，而用来建立发展他们自己的痛苦之身。

与非常无意识的父母共同生活，就会让孩子下意识地学习到小我和痛苦之身。有一个女性朋友，她的双亲都有很强的小我和沉重的痛苦之身。她告诉我，当她看到父母互相叫喊、谩骂对方的时候，即使她很爱他们，都禁不住对自己说："这些人疯了。我怎么会沦落到这里的？"在当时，她的内在就已经对这种疯狂的生活方式有了觉知。那个觉知会帮助她减少从父母那里吸收来的痛苦。

父母通常会很想知道应该怎样应付孩子的痛苦之身。当然，最重要的问题就是，他们应付得了自己的痛苦之身吗？他们是否在自己身上已经看到它了呢？他们是否能够保持足够的临在，在痛苦之身被触动的时候就能够觉察到那股情绪，使它没有机会转化成思想，并且因而变成一个"不快乐的人"？

当孩子被自己的痛苦之身攻击时，你所能做的就是保持临在，好让自己不被卷入情绪化的反应中。这样孩子的痛苦之身只能在自身上找食物。痛苦之身有时非常的戏剧化。不要随它演出，不要太认真地对待它。如果痛苦之身因索求不遂而被触动了，不要立刻屈从于它的需求。否则，孩子就会学到，"我愈不开心，我就愈能得到我想要的。"这样会造成他未来生活的功能失调。痛苦之身会对你的无回应而沮丧不已，因此在它平息之前可能会反弹得更厉害。所幸在孩子身上，痛苦之身表演的插曲通常比成人来得短促。

等它平息下来之后一段时间，或是第二天的时候，你可以和孩子谈谈这件事。但是不要告诉孩子痛苦之身的事，而是用问问题的方式。比如说，"昨天你不停尖叫的时候，是什么东西来了，你记得吗？它感觉起来如何，感觉好吗？那个来到你身上的东西，它有个名字吗？没有名字？那如果给它起个名字，它应该叫什么呢？如果你能看得见它的话，它长得什么样子？你能不能把它的样子画出来看看？当它离开的时候，它怎么样了？回去睡觉了吗？你觉得它还会再回来吗？"

这些只是我建议可以问的一些问题。这些问题是希望能够唤醒孩子观察的能力，也就是临在。这会帮助孩子不与他的痛苦之身认同。你也可以用孩子的语言和他们谈谈你自己的痛苦之身。下次孩子的痛苦之身又出现时，你可以说，"它又回来了，是不是？"当你谈到它的时候，尽量用孩子用过的字句来形容它，引导孩子去注意它"感觉"起来是什么样子。抱持着"有兴趣"和"好奇"的态度，而不是批评或责怪。

痛苦之身通常不会就此被制止了，也许孩子根本不听你说的话，但是，即使在痛苦之身活跃的情况下，在孩子意识的背景中，还是会有些微的觉知存在。几次之后，觉知会成长茁壮，而痛苦之身会减弱。孩子就会在临在中成长。有一天你会发现，居然是孩子反过来告诉你，你的痛苦之身此刻掌握了你呢！

不快乐

不是所有的不快乐都来自于痛苦之身。有些新的不快乐的产生，是你与当下时刻不和谐一致，以某种形式拒绝否定当下而造成的。当你能够领悟到，当下时刻已然存在而且是不可逃避的时候，你内在会心甘情愿地对它说："好！"继而不会创造更多的不快乐。而当你的内在抗拒消失了以后，你会被生命本身赋予更多的力量。

痛苦之身的不快乐，始终与引发它的直接原因明显地不成比例。换句话说，它是过度反应。这是认出痛苦之身的方法，但是通常都是旁观者（不是受害者）才看得出来。有沉重痛苦之身的人很容易就找到理由烦恼，生气，受伤，悲痛，或恐惧。很多其他人会耸耸肩膀一笑置之，或是根本没注意到的小事，都会变成他们极度不快乐的明显肇因。当然，这些都不是真正的原因，只是导火线而已。它们让那些陈年累积的情绪起死回生，转移进入脑袋中，扩大并且赋予小我心智结构更多能量。

痛苦之身和小我是近亲，他们彼此需要。导火线事件或状况发生时，通常会透过极度情绪化小我的过滤来予以解释和回应。也就是说，这些事件的重要性会被完全地扭曲。你是经由内在情绪化和过去的观点，来看待现在的时刻。换句话说，你所看见和经历的，不在那个事件或状况中，而是在你的心中。有的时候，事件或状况是有些恼人，但是经由过度反应你强化了它。这样的过度反应和强化，就是痛苦之身需要和喜爱的，是它的食物。

被沉重的痛苦之身掌控的人，几乎不可能从他扭曲的观点，也就是极度情绪化的故事中抽身而出。在故事中，如果负面情绪愈多，它就变得愈加沉重而不可理喻。所以，他无法接受故事的原貌，而把它扭曲成他要看到的事实。当你完全被困在思考的动作以及随之而来的情绪中时，你是无法脱身的，因为你根本不知道有出路。你被困在自己的电影和梦境之中，困在自己的地狱之中。对你而言，这就是唯一真相，因为没有其他的可能。从你的立场来说，你的过度反应也是唯一可能的反应。

第六章 破茧而出，重获自由

破除对痛苦之身的认同

一个有强烈而活跃的痛苦之身的人，会散发某种特别的能量，让其他的人感到很不舒服。当遇到这样的人时，有些人会立即不想和他来往，或是尽量减少接触。他的能量场会拒人于千里之外。也有人会觉得想要攻击那个人，所以会对他很粗鲁，或是用言语攻击他，有时甚至会暴力相向。这就说明了在他们之内，有些东西和那个人的痛苦之身相应了。让他们起如此激烈反应的东西，其实也在他们自己之内。就是他们自己的痛苦之身。

可想而知的是，有沉重而颇为活跃的痛苦之身的人，常常会面临冲突的情境。当然，有时是他们自己主动挑衅的。但是有些时候，他们可能真的什么也没做。他们散发出的负面能量（negativity）就足以招致敌意和引发冲突。当面临这种活跃痛苦之身的人挑衅的时候，需要高度的临在才不会随他起舞。如果能保持临在，有的时候你的临在会让对方撤离他对自己痛苦之身的认同，而突然经历到奇迹般的觉醒。也许这种觉醒很短暂，但是觉醒的过程已然展开。

很多年前，我就曾经首次目睹过这样短暂觉醒的发生。一天晚上将近十一点的时候，门铃响了。邻居埃塞尔充满焦虑的声音透过对讲机传过来，"我们必须谈谈。这非常重要。请让我进来。"埃塞尔是个聪明而且受过高等教育的中年妇女。她也有很强的小我和沉重的痛苦之身。她十几岁的时候从纳粹德国的魔掌逃离，她的很多家人都死在集中营里面。

埃塞尔在我的沙发上坐下来，烦躁不安，双手也在战抖。她从随身的档案夹里拿出信件和文件，把它们摊开铺在沙发和地板上。我立刻有一种奇怪的感觉，好像身体内在的一个调光开关被打开了，然后调到了最高强度。我什么也没有做，只是保持开放、警觉和高度临在——身体的每个细胞都临在。我无思想、无评断地看着她，同时在不带任何心理评论的宁静之中倾听。一连串话从她嘴里倾泻而出。"他们今天又发给我一封烦人的信。他们对我展开复仇计划了。你一定要帮我。我们需要一起抵抗他们。什么都阻挡不了他们邪恶的律师。我会失去我的房子。他们威胁说要驱逐我！"

原来她因为物业管理人员未能修复好她的房子，所以拒付管理费。他们就反过来威胁说要告她。

她滔滔不绝地讲了十分钟左右。我坐着，看着她，聆听她。突然之间她停止说话，看着她身边的纸张好像大梦初醒一般。她变得很平静而且温和。她的整个能量场都改变了。然后她看着我说，"这一点都不重要，是吗？""不，不重要。"我说。她又安静地坐了几分钟，然后拾起她的文件离开了。第二天早上她在街上拦住我，有点怀疑地看着我，"你对我做了什么？昨天晚上是我多年来第一次睡得那么香，说实在的我睡得像个婴儿似的。"

她相信我对她"做了"什么，但是我什么都没做。她应该问我没对她做什么，而不是对她做了什么。我没有做出反应，也没有确认她故事的真实性，也没有喂养更多的思想给她的心智，或是喂养更多的情绪给她的痛苦之身。我只是允许她去经历她当时所经历到的，而允许的力量就在于不干涉和无为。保持临在，永远比其他任何你可以说或是做的，都来得无限强大。当然，有时保持临在也会有随之而来的话语或动作。

发生在她身上的事还不是一个永久的转化，而是对其他可能性的一瞥，对她内在已有的东西的一瞥。禅宗称这样的惊鸿一瞥为顿悟（satori）。顿悟是临在的一瞬间，从你脑袋里的声音、你的思考过程和它们在身体上的反映（就是情绪）当中，短暂地脱身而出。这是内在空间的扬升，取代了先前混杂的思想和紊乱的情绪。

思维心智是无法理解临在的，所以常常曲解它。它会说你不关心别人，冷漠，没有慈悲心，或是拒绝与人来往。事实是，你是与其他人在比思想和情绪更深的一个层次互动。实际上，在那个层次，才有真正的交融，一个比互动更加深远的结合。在临在的定静中，你可以感受到自己内在无形的本质和对方的合而为一了。领悟到你与他人的合一才是真爱，真关怀，真慈悲。

导火线

有些痛苦之身只会对某种特定的导火线或是情况做出反应，通常那种情况是与它过去所受到的某种情绪痛苦有相应之处。比方说，如果有个孩子在他长大的过程中，父母总是为了金钱而发生冲突，并且制造很多戏码，他也许会吸收到父母对金钱的恐惧而发展出一个随时会被财务问题触动的痛苦之身。孩子长大成人后，会因为数量很小的金钱就感到烦恼或生气。在烦恼和愤怒之后，存在的是与生存和极端恐惧有关的议题。我看过灵修中人，也就是说，相对而言比较有意识的人，一拿起电话和他们的股票或房地产经纪人讲话的时候，就会大吼大叫、责怪、控诉对方。就像每个香烟盒上面都有健康的警语，也许在每一本银行存折和财务报表上都应该有类似的警语："钱财会触动痛苦之身，导致完全无意识。"

在童年时期，曾经被父母一方或两方忽略或抛弃的人，很可能会发展出一种痛苦之身，会被任何与他们原始的、被抛弃的痛苦相应的情况触动。也许是朋友接机的时候迟到了几分钟，或是配偶太晚回家，都会触发痛苦之身的严重攻击。如果他们的伴侣或是配偶离开了他们或撒手人寰，他们所遭受的感情上的痛苦，比一般人碰到这种事情会自然产生的痛苦要大得多。他们可能会有强烈的悲痛，长期的、无力承受的抑郁，或是不可抑制的愤怒。

一位小时候被父亲肢体虐待的女性，可能会发现，在与任何男人的亲密关系中，她的痛苦之身都很容易被触动。或者是，组成她痛苦之身的情绪会让她被那些痛苦之身和她父亲相近的男人所吸引。她的痛苦之身会觉得，那些可以给它更多同样痛苦的人，特别有魅力。那种痛苦有的时候会被误解为"坠入情网"。

一个母亲关心照顾得很少，得不到爱，又没人要的男孩，长大以后会发展出一个沉重的、爱恨交织的痛苦之身，一方面强烈地渴求母亲的爱和关注，却又得不到，一方面又强烈地怀恨母亲，不给他深切渴望的东西。当他长大成人后，几乎每一个女人都会触发他痛苦之身的强烈需求——一种情绪的痛苦——然后这会让他表现出一种上瘾的强迫行为，不断地征服和诱惑他遇到的每一个女人，好让他的痛苦之身得到它所渴求的女性之爱和关注。他会变成一个猎艳高手，但是一旦关系进入了亲密阶段或是他进一步的要求，痛苦之身对他母亲的愤怒就源源而出，而破坏了这段亲密关系。

如果你能在自己的痛苦之身启动的时候认出它，你很快也会了解到，究竟是什么导火线最容易触动它，也许是某种情境，或是其他人所做或所说的事情。当这些导火线出现的时候，你要立刻认出它们的真实面貌并且进入一个高度的警觉状态。在一两秒钟之内，你会注意到自己情绪的反应，就是正在扬升的痛苦之身。但是如果你在警觉的临在状态，你就不会与它认同，也就是说，痛苦之身不会掌控你，而成为你脑袋里的声音。如果这时，你和你的伴侣在一起的话，你可以告诉他，"刚才你说的（或做的），触动了我的痛苦之身。"事先和你的伴侣约定好，当你们两人之中有人做了或说了什么而触动了对方的痛苦之身时，要马上说出来。这样一来，痛苦之身就不能再借由在亲密关系中制造戏码而更新它自己，它不但不会把你拖入无意识当中，反而会帮助你完全地临在。

如果每次痛苦之身扬升之时，你都能保持临在，那么，有些痛苦之身的负面情绪能量就会被烧尽，然后转化成更多的临在。这时，痛苦之身的余孽会很快地撤退，等待下一个好时机而重新出发，所谓好时机就是：你比较缺乏意识的时候。每当你失去临在的时候，就是痛苦之身重新出现的较好机会。也许是几杯老酒下肚之后，或是观看暴力电影的时候。那些最微小的负面情绪，像是被激怒或是焦虑，也可能成为痛苦之身东山再起的契机。痛苦之身需要你的无意识。它无法忍受临在之光。

痛苦之身——觉醒之道

起初，痛苦之身看起来好像是人类新意识扬升的最大障碍。它占据你的心智，控制、扭曲你的思考，破坏你的人际关系，而且感觉起来好像是一朵占据了你整个能量场的乌云。从灵性上来说，它会让你变得无意识，也就是会让你与你的心智和情绪完全认同。它使你过度反应，让你说一些话或是做一些事，就是蓄意要让你自己和这个世界都更加地不快乐。

然而，随着不快乐的增加，它也会在你的生命中创造更多裂口。也许你的身体再也无法承受压力而生病或是功能失调。也许你会遭逢意外，遇到巨大的冲突情境或是戏剧性事件，这些都是由痛苦之身想要坏事发生所造成的。或许你会加诸肢体暴力在其他人身上。也许这一切对你来说都太过沉重，你会再也无法忍受那个不快乐的自己了。当然，痛苦之身就是那个虚假自我的一部分。

当你被痛苦之身掌控的时候，当你无法认出它真实面目的时候，它就变成了你小我的一部分。无论你认同于什么，也都会变成小我。痛苦之身是小我所能认同的事物当中最强而有力的一种，就像痛苦之身也需要经由小我而更新它自己一样。然而，这个不神圣的联盟，最终会在某些情况下破裂瓦解。当痛苦之身太过沉重，小我心智结构就会无法再经由它来强化自己，反而会因为不断受到痛苦之身能量负荷的猛烈攻击，而日渐瓦解，就像一个电子仪器能够用电流补充电能，但是如果电压太高了的话，它也会受不了而毁坏。

有强烈痛苦之身的人，通常会到一个地步，让他们觉得再也无法忍受自己的生活，无法再承受更多的痛苦或是人生戏码了。有人对此曾经做了简单明了的表达，她说她"受够了不快乐"。就像我以前一样，有些人会觉得他们无法再忍受自己了。内在的和平因此而成为他们追求的首要目标。强烈的情绪痛苦，迫使他们从心智的内容和心理情绪结构中撤离了认同，而"不快乐的我"就是心智内容和心理情绪结构制造出来，并使之长存的。然后他们就领悟到，他们不快乐的故事以及他们所感受到的情绪，都不能代表他们的本质。他们了解到，自己是知者，不是那被知的。痛苦之身不但没有把他们拖进无意识中，反而还成为觉醒的助力，成为迫使他们进入临在状态的决定性因素。

然而，现在我们目睹到前所未有的大量的意识涌入了地球，很多人不再需要经由遭受剧烈的痛苦，才能撤离对痛苦之身的认同。每当他们觉察到自己落入了一个功能失调的状态时，他们能够选择撤离对思考和情绪的认同，而进入临在状态中。他们不再抗拒，变得定静而警觉，在自己的内在和外在，都与本然（what is）合一。

人类进化的下一个阶段是无可避免的，而且从我们地球的历史来说，这还是我们第一次能做有意识的选择。谁在做这个选择呢？就是你。那么你又是谁呢？你就是意识到了自己的那个意识。

从痛苦之身破茧而出

人们常问的问题就是，"需要多长时间我们才能从痛苦之身当中解脱出来呢？"答案是，当然要看你个人痛苦之身的浓密程度，和个人扬升中临在的强烈程度而定。但是促使你加诸痛苦在自己和别人身上的，不是痛苦之身，而是你对它的认同。迫使你把旧痛一再重演而且让你处于无意识之中的，不是痛苦之身，而是你对它的认同。所以，比较重要的问题应该是，"需要多长时间我们才能从对痛苦之身的认同当中解放出来呢？"

而这个问题的答案是：不需要任何时间。当痛苦之身被触动的时候，如果能够认出你所感觉到的就是你内在的痛苦之身，光这份知晓就足以打破你对它的认同。当与它的认同停止时，转化就发生了。那份知晓，可以抑制旧有情绪的升起并防止它进入你脑袋中，也不会让它接管你的内在对话、掌控你的行为和与其他人的互动。这也就是说，痛苦之身不能再利用你然后经由你来更新自己了。那些老旧的情绪很可能还会在你之内存活一段时间，而且不定时地还会再度升起，有时也许还会拐骗你再度与它认同，因而模糊了那份知晓，但这是暂时的。不要将旧有的情绪投射到情境上的意思就是：在你之内直接地面对它。这也许并不好受，但是它不会置你于死地的。你的临在完全足以包容它。这个情绪不是你的本质。

当你感觉到痛苦之身的时候，不要误以为自己哪里有毛病了。让自己成为问题之所在——碎片是小我的最爱。知晓之后，必须接纳。其他任何作为都会再度遮盖了那份知晓。接纳就是允许你自己在那个时刻完全地去感受你的感觉。它是当下那个"如是"（is-ness）的一部分。你无法与本然（what is）争辩。呃，你可以与它争辩啦，只是你这么做的时候，你会受苦。经由允许，你成为你之本是（you become what you are）：广大的，宽阔的。你将变得圆满。你不再是一个碎片——碎片是小我的观点。你的真实本质展现了，而它是与上帝的本质合一的。

耶稣针对这点也说，"所以你们要圆满，像你们的天父那样地圆满。"《圣经·新约》里说的"要完美"是错误翻译，原希腊文的意思是圆满。也就是说，你不需要"成为"圆满的，你就"是"你原来的本质——无论有没有痛苦之身。

第七章
找出你的本来面目

认识自己（know thyself）——这几个字刻在德尔菲（Delphi）阿波罗神庙入口处的上方；这座神庙就是圣谕（Oracle）之所在。在古希腊，人们来到圣谕之处，渴望能找到自己终极的命运，或是寻求在某种特定状况下应该采取的行动。大部分的访客在进入神庙的时候，都应该读到了这几个字，但是他们不了解，这几个字所指向的真理，是比圣谕所能告诉他们的还要深远得多。他们可能也不会了解，无论在神庙里得到的启示有多伟大，或是接收到的讯息有多正确，如果无法体会"认识自己"这个训谕所蕴含的真理的话，最终都是没有用的，也无法从更深层的不快乐和自己创造的痛苦中获得解脱。这几个字隐含的意思是：在你问任何其他的问题之前，先问生命中最基本的一个问题：我是谁？

无意识的人——有些人长期停留在无意识状态，终其一生困在小我当中——可以很快地告诉你他们是谁：他们的名字、职业、个人的经历、身体的特点或状况以及其他所有他们认同的东西。有些人看起来比较进化，因为他们认为自己是不朽的灵魂或是圣灵（divine spirit）。但是他们真的认识自己了吗？还是说，他们只是在心智的内容当中，加上了一些听起来很有灵性的概念而已？认识自己，比采信一连串概念或信念具有更深层的意义。灵性的概念和信念最多只能作为有用的指引，但是它们本身几乎没有能力解除你根深蒂固有关自我的概念，那些概念是人类心智所受到的制约的一部分。深刻地认识你自己，与心智当中浮沉的所有概念完全无关。认识你自己是要在你的本体当中扎根，而不是在你的心智当中迷失。

你认为自己是谁

你的自我感，决定了你如何看待自己的需求和生命中对你而言重要的事情。你认为重要的，就可能会让你感到烦恼和困扰。你可以用这个标准来衡量你到底认识自己多深。你认为重要的，不一定是你说的或是相信的，不过，你的行动和反应会显示它们的重要性和严重性。所以，你也许会这么问自己：让我烦恼和困扰的事情是什么？如果小事情就有力量使你困扰的话，那么你对你自己的看法也正是：很渺小。那就是你无意识的信念。什么是小事呢？每件事情最终都是小事，因为它们都是瞬间即逝的。

你也许会说："我相信我是不朽的灵体。"或是："我对这个疯狂的世界感到厌倦，我要的只是平安。"——直到电话铃响起。坏消息来了：股市崩盘，交易泡汤，车被偷走，丈母娘驾到，旅行取消，对方违约，伴侣离去；他们还要更多钱，他们说是你的错！突然间，一股怒气或是焦虑就冒了上来。你的声音都变得尖锐起来："我再也无法忍受这些事了。"你控诉、责怪、攻击、防卫或是为自己辩护，这些全都是在自动化导航（autopilot）下发生的。一分钟前，你还说只想要内在的平安，而现在，显然有些事情比内在的平安重要得多。而此刻，你也不再是不朽的灵体了。交易、钱、合约、损失或是潜在的损失，现在变得更为重要。对谁来说重要呢，是你自视为的那个不朽灵体吗？不，是对"我"重要，就是那个借由稍纵即逝的事物来寻求安全或满足感的渺小的我，也是那个如果得不到手，就会感到焦虑和愤怒的渺小的我。也好，至少现在你知道，你所认为的自己真正是什么了。

如果平安是你真心想要的，那么你就会选择平安。如果平安对你来说，比任何其他的事情都重要，如果你真的知道自己是灵体而不是一个渺小的我，那么，当你面对具有挑战性的人或情境的冲突时，你不会做出任何反应，而且会全然地保持警觉。同时，你会马上接纳那个情境，进而与它合一，而不是对立。然后，从你的警觉之中，就会产生回应。做出回应的，是真正的你（意识），而不是你所认为的自己（渺小的我）。这个回应会非常地有力量、有效率，而且不会把任何人或情境视为敌人。

这个世界不会让你一直以你所自认的假相来愚弄自己，它用的方法，就是向你展现：到底对你而言什么是最重要的。你对不同人、事、物的因应方式（尤其是在面对挑战的时候），就是对自己了解程度深浅的最佳指标。

对自己的观点愈是受限，而且愈是以狭隘的小我观点看待自己的话，你就会愈加看见、关注以及反应小我的种种限制，还有他人内在的无意识。他人的"过错"，或是你眼中他人的过错，对你而言，就成了他们的身份表征。也就是说，你只会看到他们身上的小我，从而强化了自身的小我。你是在看"着"（at），而不是看"穿"（through）他们身上的小我。是谁在看着他们身上的小我呢？就是你内在的小我。

非常无意识的人，会在别人身上体察到自己小我的反射（reflection）。当你明白，你在别人身上看见，而且会让你过度反应的东西，也同样地在自己身上（有时完全是你自己的，别人根本没有），你就开始对自己的小我有所觉知了。到了那个阶段，你可能也会了解到，原来你是把你以为别人对你做的事，反加诸在对方身上。这时，你就不会再视自己为受害者了。

你不是小我，所以当你觉知到内在的小我时，你还是不知道你是谁，你只知道你不是谁。但是，经由知道你不是谁，真正认识自己的最大障碍就解除了。没人可以告诉你"你是谁"。他们只会给你另一个概念（concept），概念是无法改变你的。你的真实身份不需要你去相信它。事实上，每一个信念都是障碍。它甚至不需要你的理解，因为你已经是你真实的自己了。但是如果缺乏理解的话，你的真实身份就无法在这个世界中闪耀出来。它会停留在未显化的境界里，当然，那才是你真正的家。你就会像一个看起来非常穷困的人，不知道自己银行里面有一亿美金的存款，以至于财富对他来说，是未表现出来的潜能。

丰盛

你认为自己是谁，与你看待别人对待你的方式，有着密切的关联。很多人都抱怨别人对他不够好。"我得不到任何尊敬、关注、认可、赞赏，"他们说，"他们根本不拿我当回事儿。"而当人们很和善的时候，又怀疑他们别有动机。"其他人想要操控我，利用我。没有人爱我。"

所以，他们眼中的自己就是："我是一个匮乏的'渺小我'，我的需求都没有得到满足。"这个对于自身本质的基本误解，在他们所有的人际关系中都造成了问题。他们相信自己没有什么可以给予，而这个世界或他人也吝于提供他们之所需。他们眼中的真相，是完全基于对自己真实身份的一个错误的认同。它破坏了各种情境，损伤所有的人际关系。如果匮乏感——无论是关于金钱、赞赏或是爱，已经成了身份认同的一部分的话，你就会一直经历匮乏。你不但无法赞赏生命中已经拥有的美好事物，你的眼中也只有匮乏。赞赏生命中已经拥有的美好事物，就是所有丰盛的基础。事实是：你认为这个世界吝于给你的，其实是你吝于给予这个世界的。你吝于付出是因为你的内心深信自己是渺小的，而且没有东西可以付出。

花几个星期试试以下这个方法，看看它会如何改变你的生活实相：试着将你认为别人吝于给你的东西——赞美、感激、协助、关爱等等，给予人们。你没有这些东西吗？那就假装已经拥有了它们，然后它自然就会到来。在你开始付出之后没多久，就会开始接收了。你不会收到你未付出过的东西。流出决定了流入。无论你认为这个世界吝于给予你的是什么，你都已经拥有了，但是，除非你允许它流出，否则你不会知道其实你早已拥有它。这也包括了丰盛。这个"流出决定流入"的法则，在耶稣强而有力的比喻中表达得很清楚："你们要给人，就必有给你们的，用十足的量器，连摇带按，上尖下流地倒在你们怀里。"

所有丰盛的源头都不在你之外。它就是你真实身份的一部分。然而，试着从感谢和体认外在的丰盛开始吧。看着你生命四周的圆满——照在你皮肤上的温暖阳光，花店门口摆放的美丽花朵，咬一口多汁的水果，或是沉浸在从天而降的充沛雨水中。在每一步中，都有着生活的圆满。感谢所有在你周围的丰盛，就会唤醒你内在沉睡的丰盛，然后让它流出。当你对一个陌生人微笑，就已经有些微的能量流出了。你就会成为给予者。时常问自己："此时此地我可以给予什么？我对这个人和目前的情况，能够提供什么帮助呢？"你不必拥有任何东西，就可以感到丰盛，而如果你持续地感到丰盛的话，你所要的自然就会来到。丰盛只会降临在已经拥有它的人身上。听起来好像有点不公平，当然不公平。但这就是宇宙法则。丰盛和匮乏都是你的内在状态，而且会显化成为你的实相。《马太福音》中耶稣是这么说的，"因为凡有的，还要再加给他，凡没有的，连他所有的，也要夺去。"

认识自己与认识关于自己的事情
（knowing yourself and knowing about yourself）

你也许不想了解自己，因为你害怕可能会发现的事实。很多人都暗自担心自己是不好的。但是你所能找到有关于你自己的所有事情，都不是你。你所知道的有关于你自己的事实也不是你。

因为恐惧，有些人不想知道自己真正是谁，而有些人却对自己极端地好奇，想要知道得愈多愈好。你也许对自己非常着迷，花了多年时间做心理分析，探究你童年的每个层面，发现了隐藏的恐惧和欲望，在自己人格和特性的组合中发现了层层的复杂性。过了十年，你的心理咨询师终于对你和你的故事感到厌烦了，然后告诉你：你的心理分析已经完成了。当他把你送走的时候，也许会把一份厚达 5000 页的档案交给你。然后说，"这就是所有关于你的事情，这就是你。"你把这些沉重的档案抱回家，起初，你很满意终于了解自己了，但是，这种满意很快就被一种不满足的感觉和潜在的怀疑所取代。你怀疑，你是谁的事实真相，一定比这些还多。当然还有更多，但不是从量的角度，而是从质的角度来说，一些更深的向度。

心理分析和挖掘你的过去并不是错的，只要你别把"认识自己"和"认识关于自己的事情"混为一谈。那份5000页的报告是关于你的：就是那些被过去所制约的心智的内容。你从心理分析或自我观察中所得到的，都是关于你的。它不是你。它只是内容，不是本质。超越小我就是要从内容中撤离。认识自己就是做自己（being yourself），而做自己就是停止与内容认同。

很多人经由他们生命的内容来定义自己。你所认知、经验、做、想或感觉到的，都是内容。内容几乎占据了人们所有的注意力，同时也是人们赖以认同的东西。当你想到或是提到"我的生命"的时候，你指的并非你所是（are）的那个生命，而是你所拥有（have）的那个生命，或是你好像拥有的那个生命。你指的是内容——你的年龄、健康、人际关系、财务状况、工作和生活情境以及你的心理情绪状态。你生命的内在和外在情况，你的过去和未来，都是属于内容的范畴——事件也是，也就是说，所有发生的事情，都是属于内容。

那么，除了内容之外，还有什么可以来定义我们呢？答案是：能够让内容存在的——也就是意识的内在空间。

混乱和较高次序（higher order）

当你只是经由生命的内容来认识自己时，你会认为自己很清楚什么对你是好的，什么是不好的。你会将事件区分为哪些对你是好的，哪些是不好的。这种区分会分裂生命的整体性，而在生命的整体性中，万事万物都是互相关联的，所有的事件都有它必要的位置和功能。然而，整体性（toality）并不仅是所有事物的表象而已，也不是事物各个部分相加的总数，整体性比这些都还要更多，而且也比你的生命和这个世界所包含的东西更多。

在我们的生命和这个世界中，一连串发生的事件有时候看起来像是随机的，甚或是混乱的，其实，它们背后都暗藏了一个较高次序和目标的展开过程。禅宗很优美地表达了它的意境："雪花飘落，片片各得其所。"经由思考，我们可能永远无法理解这个较高次序，因为我们所思所想的都是内容；而较高次序是从无形无相的意识范畴以及宇宙智性中衍生出来的。然而，我们不但可以对它有惊鸿一瞥，还可以与它和谐一致，就是说，在那个较高目的展开的过程中，做一个有意识的参与者。

当我们走进一座未受人为干扰的森林时，我们的心智思维只看见周围的无次序和杂乱。它甚至无法分辨生命（好的）和死亡（坏的），因为，所有的新生命都是从腐化和败坏中的物质里出现的。只有当我们的内在足够定静，而心智思考的噪音缓和下来时，我们才能领悟到，原来所有事物之中都有着隐含的和谐，也就是一种神圣性和较高次序，而在其中，万事万物都各就其位，无法偏离它们之所在和所是。

我们的心智比较适应人工景观的公园，因为这样的公园是经由思想而规划创造的，而不是以有机的方式成长的。这种次序是心智可以理解的。但在森林中，却有一种心智所无法理解的次序，看起来像是杂乱无章，超越了心智中好与坏的分类。你无法经由思想而理解，但是当你放下思想，保持定静和警觉而不试着去理解或解释的时候，你就可以感受到它，只有这样，你才能觉知到森林的神圣性。一旦感受到那个隐含的和谐与神圣性，你就会明白你与它是合一的。而当你理解了这一点，就会成为其中有意识的参与者。如此一来，大自然就能够帮助你重新与生命的整体性达成一致。

好与坏

在生命中的某个时期，大部分的人都会了解到，生命中不是只有出生、成长、成功、健康、欢乐和胜利而已，还有损失、失败、疾病、年老、衰败、痛苦和死亡。传统上来说，这些都被贴上"好"与"坏"、"有序"和"混乱"的标签。人们生命的"意义"通常与其定义为"好"的事情有关，但是好的事情不断受到衰败、崩解、混乱、无意义和"坏"事物的威胁，当你找不到合适的解释时，生命就此失去了意义。无论买了多少保险，每个人的生命迟早要面临各种混乱的侵袭。也许，它是以损失、意外、疾病、伤残、年老和死亡的形式来临。然而，当混乱入侵一个人的生命时，会让心智所定义的一些"有意义"的事物继而瓦解，这些，反而是生命进入较高次序的一个开端。

"因这世界的智慧，在神看是愚拙。"《圣经》如此说。世界的智慧是什么呢？就是思想的运作以及那些仅由思想定义出来的意义。

思想将情况或事件予以孤立，然后称之为好或坏，好像它们是独立存在的。对思想的过度依赖，会让实相分裂成碎片。这个分裂的碎片就是幻相，但是当你困在其中时，它看起来可是真实无比。然而宇宙却是一个不可分裂的整体，在其中，所有的人、事、物都是互相关联，无法单独存在的。

万事万物都是深刻相连的事实，意味着"好与坏"的心理标签最终就是幻相，好与坏永远代表偏狭的观点，而且只有相对地和短暂地真实。有个故事很贴切地表达了这个观点。一位智者在摸彩活动中赢得了一辆名贵轿车。他的家人和朋友都很为他高兴，而且前来祝贺："真棒啊！"他们说，"你好幸运哦！"智者笑着说："也许吧！"接下来几个星期，他高兴地开着车四处兜风。有一天，一个酒后驾驶的人在十字路口撞上了他的新车，他身上多处受伤，住进了医院。他的家人和朋友又来看他，然后说："真倒霉啊！"智者又笑着说："也许吧！"当他在医院时，一天晚上，他的住处附近发生山崩，整栋房子掉进了海里。他的朋友第二天又来看他说："你在医院里躲过一劫真是幸运啊！"他又说了："也许吧！"

这位智者所说的"也许吧",就象征着拒绝去评断任何事情。他不但没有评断发生的事,反而接纳它,也因此而有意识地与较高次序联合一致。

心智常常很难了解,那些看似随机发生的事件,其角色或目的为何,就像每块拼图在整体中的位置一样。但是,没有任何事件是随机的,也没有事件和事物是独立存在,与其他人、事、物无关的。组成你身体的原子,曾在宇宙星辰中历经淬炼锻造,即使最小一件事情的起因,基本上也是无限的,而与整体以一种无以名之的方式相连。如果你想对任何事件的起因追本溯源,恐怕得一路找回创造的太初。宇宙不是混乱的,宇宙(cosmos)这个词的本意就是次序。但这不是人类心智可以理解的次序,只能偶尔有所一瞥罢了。

不在意所发生的事情

印度伟大的哲学家和灵性导师克里希那穆提,花了超过五十年的时间,在全世界各地讲学,试图借由话语——也就是内容——来和人们交流言语和内容无法表达的观念。在他晚年的一场演讲中,他问了一个让听众非常惊讶的问题:"你们想知道我的秘密吗?"每个人立刻竖起了耳朵。听众当中有很多人听他的演讲二三十年了,可是还是无法领会其中的精髓。这么多年了,大师总算要透露领悟的关键。"这是我的秘密,"他说,"我不在意任何发生的事情。"

他并没有多加阐释，所以我相信大部分听众会比以前更为困惑。但是他这个简单开示所隐含的真理，却是非常深远。

当"我不在意任何发生的事情"时，它隐含了什么道理？它意味着，我内在是与所有发生的事情和谐一致的。当然，"发生的事情"，指的是每一刻的如是（suchness），而当下的"如是"是已经在那里，如它之所是了。每一刻都只是在当下，它不会在过去或未来。而"如是"指的就是在每一刻中，内容所展现出来的形式。所谓与本然（what is）一致，就是说，我们的内在与当下发生的事情有一个"不抗拒"的关系。也就是说，不在心理上为它贴上"好或坏"的标签，而只是让它存在。这是否意味着，你不能再采取任何行动，好为你的生命带来改变呢？正好相反！当你的行动是基于内在与当下时刻的和谐一致时，你的行动会被生命本身的智性赋予更多力量。

是这样的吗（Is that so）

著名的白隐禅师住在日本的一个小镇。人们很崇敬他，很多人向他学习灵性的教导。有一次他隔壁邻居十几岁的女儿怀孕了。她父母愤怒地责问孩子的父亲是谁，女孩最后招认说是白隐禅师。盛怒之下，她的父母冲进白隐禅师家，大声叱责禅师，说他们的女儿已经承认他就是孩子的父亲。禅师回答道："是这样的吗？"

丑闻传遍了小镇和各地，禅师的名誉扫地。但这并没有困扰他。

没有人再来拜见他了，他还是如如不动。当孩子生下来的时候，父母把孩子带去给白隐禅师，"你是孩子的父亲，所以你抚养他。"于是禅师就以爱心照顾这名婴儿。一年过去了，孩子的母亲痛悔地向父母坦承，孩子真正的父亲是在肉店工作的年轻人。她的父母深感不安地去见禅师，道歉并请求原谅。"我们真的很抱歉。我们来把孩子接回去。我们的女儿承认你不是孩子的父亲。""是这样的吗？"当禅师把孩子交还的时候，也只说了这么一句。

禅师对假相与真相、坏消息与好消息的回应，都是一样的："是这样的吗？"他允许每一刻的实相如实地存在，无论好坏，所以他不会参与人间戏码的演出。对他而言，所有的一切就在当下这一刻，以它如实的样貌存在。每个事件都不是冲着他个人来的。他不会是任何人的受害者。他与当下发生的事情是如此地和谐一致，所以任何事情都影响不到他。只有当你抗拒所发生的事情时，才会受制于它，而你的快乐与否就由这个世界来为你定夺。

那个婴儿始终是受到关爱照顾的。经由不抗拒的力量，坏事都会变成好事。白隐禅师总是回应当下时刻的需要，然而到了该放下的时候，他也就让它离去。

你可以想象，在这个故事进展的不同阶段中，如果是小我当家做主的话，它会如何反应。

小我和当下时刻

你生命当中最重要、最原始的关系就是与当下的关系，或者说是与当下时刻不同面貌的关系，也就是说，与当下所是或所发生之事间的关系。如果你与当下时刻的关系是失调的，那么这些失调就会反映在你所有的人际关系和所遇到的每件事之上。小我可以简单地被定义为：一个与当下时刻失调的关系。而在每个当下，你就可以决定你和当下时刻要有什么样的关系。

一旦你达到了一定的意识层次（如果你正在阅读本书，几乎就算是达到了），就可以决定要和当下时刻建立什么样的关系。你想要与当下时刻为友还是为敌？当下时刻与生命是无可分割的，所以，你其实是在决定要与生命发展什么样的关系。一旦你决定要与当下时刻为友，就得决定是否要采行第一步：和善地与它相处，无论它以何种伪装出现，你都欢迎它，而你很快就会看到这样做的效果。生命变得友善，人们很乐意帮助你，各种状况变得得心应手。只要一个决定就可以转变整个实相。但是，这个决定需要不断地重复去做，直到它变成一种很自然的生活方式为止。

这个与当下为友的决定就是小我的终结。小我是永远无法与当下时刻一致的，也就是说，无法与生命一致，因为小我的本性就是会驱使它忽视、抗拒或是贬低当下。小我借由时间而存活。小我愈强，时间对你的掌控就愈强。在这种情况下，几乎你的每个思想都会与过去或未来有关，而你的自我感就会以过去作为身份的认同，或是借由未来寻求满足。恐惧、焦虑、期盼、后悔、罪疚、愤怒，就是这个被时间所禁锢的意识状态在功能失调后的产物。

小我以三种方式来看待当下时刻：达到目标的手段，一个障碍，或是一名敌人。让我们逐一地检视这三种方式，如此，当每一种模式在你内在运作的时候，你就能加以辨认，并且重新做一次决定。

对小我来说，当下时刻最多不过是有助于达到目标的手段。它会把你带到看似更为重要的未来。但是未来总是以"现在"的方式到来，因此，"未来"不过是你脑袋中的一个思想罢了。这样一来，你从来没有全然地专注于此时此地，因为你一直忙着要去别处。

当这个模式变得更为明显时（这是很常见的），当下时刻就被视为一个需要被克服的障碍了。因此，不耐烦、沮丧还有压力就随之而起。在我们的文化中，这就是很多人每天生活的实相和常态。生命，也就是当下，被视为是一个问题，然后你就居住在一个充满问题的世界，而除非这些问题都获得解决，否则你无法快乐，无法满足，或是无法开始真正的生活——起码你是这么认为。问题就是：某个问题解决之后，另一个问题又出现了。只要你视当下时刻为障碍，问题就会不断地发生。"你要我是什么，我就是什么，"生命或当下如此说，"我会以你对待我的方式对待你。如果你视我为问题，我就会成为你的问题。如果你视我为障碍，我就会成为你的障碍。"

最糟糕而且很常见的就是，将当下时刻视为敌人。当你痛恨眼前正在做的事，抱怨周遭的事物，咒骂正在发生或已经发生的事，当你的内在对话包含了"早知道就该"和"早知道就不该"，或责怪和控诉的字眼，那么你就是和"本然"（what is）在较劲，和既成的事实在较劲。你把生命当成敌人，而生命就会说："你要战争，你就得到战争。"外在实相永远是你内在状态的反映，你也因此会经验到外在的实相是敌对的。

常常问自己一个重要的问题：我和当下时刻的关系如何？然后全神贯注地找出答案。我是否只把当下当成达到目标的手段呢？我把它视为一个障碍吗？我正把它变成敌人吗？既然当下时刻是你唯一拥有的，既然生命与当下是无可分割的，那么，这个问题的真正意思就是：我和生命的关系如何？这个问题是揭露内在小我真面目的绝佳妙方，而且可以将你带入临在的状态。虽然这个问题并不能真正地体现绝对真理（毕竟，我和当下时刻是合一的），但它是指引正确方向很有用的路标。常常问你自己这个问题，直到你不再需要它为止。

如果你和当下时刻的关系是失调的话，该如何超越它呢？最重要的事情就是要在你自己之内，在你的思想之内，还有你的行动之内看到它。在看见它的那一刹那，也就是觉察到你与当下时刻关系失调的那一刹那，你就是临在的。看见的本身就是扬升的临在。一旦你看到了功能失调，它就开始瓦解了。有些人在看见的那一刹那，会不觉失声大笑。随着那份觉察，你就有了选择的力量，那个选择就是：对当下说"是的"，并让它成为你的朋友。

时间的矛盾

表面上看来，当下时刻就是现在发生的事。但眼前发生的事一直在改变，所以看起来好像每一天你的生活都充满了上千个时刻，而各种不同的事情发生在其中。时间被视为一连串无止境的时刻，有些时刻好，有些不好。然而，如果你更仔细地观察，也就是说，从你就近的经验来看，你会发现，根本没有很多不同时刻。你会发现永远都只有"这一刻"。生命永远是在当下。你的整个生命都是在这不间断的当下展开的。过去或未来时刻只存在于你的回忆或是期待之中，而当你回忆或期待的时候，你也是在当下时刻思考过去或未来，也就是在眼前这一刻思考着它们。

那为什么看起来好像有很多时刻呢？因为当下时刻与发生的事情，也就是内容，混淆了。当下的空间，与发生在那个空间中的事情混淆了。当下时刻与其内容的混淆，不仅造成了时间的幻相，也创造了小我的幻相。

这是一个很矛盾的现象。一方面来说，我们怎么可能否认时间的真实性呢？你需要时间，才能从此处到彼处、烧一顿饭、建造一栋房子、读这本书。你也需要时间成长，学习新事物。你所做的每一件事情都好像需要时间。每件事都受制于时间，而且最终，"这个血腥残忍的暴君——时间"（莎士比亚对时间的形容）将会置你于死地。你可以把时间视为一条紧抓着你不放的急流，或是将一切都变为灰烬的大火。

我最近和几位老友重逢——很久没见的一家人,我见到他们的时候感到十分诧异。我几乎脱口而问:"你们生病了吗?发生什么事情了?是谁把你们搞成这样的?"那位母亲手拄着拐杖,看起来好像缩小了几号,形容枯槁像个脱水苹果似的。那位女儿,最后一次看到她的时候,还是精力充沛、充满热情、对青春满怀着期待,现在则是饱受岁月的折磨,流露出养育三个小孩的疲累。然后我才想起来:我们已经三十年没见了!是时间把他们搞成这样的。我相信他们见到我的时候,也会有同样的感叹吧。

似乎所有的事物都受制于时间,然而,它们的发生却都是在当下。这就是矛盾所在。不管你怎么看,到处都有时间确实存在的间接证据(circumstantial evidence)——一个烂苹果,还有,你在浴室镜子中看到的面孔,相较于三十年前的照片,也是证据。但是你找不到任何直接的证据,你从未经历时间的本身。你所经历的都只是当下时刻,或是说,只经历到当下发生的事。如果需要直接的证据才能证明时间存在的话,那么,时间就是不存在的,而当下是永远存在的。

排除时间

你无法将无小我的境界(egoless state)列为未来目标,并且努力朝它迈进。如果这样做的话,只会招致更多的不满足和更多的内在冲突。因为看起来你好像永远无法达成目标，无法到达无小我的境界。如果从小我中获得解放是你设定的未来目标，你就给了自己更多的时间，而更多的时间意味着更多的小我。仔细地自我审视一下，看看你的灵性追求是否变成了一种小我的伪装形式。如果摆脱"自我"（your "self"）是你的未来目标，那么这可能是你需索更多的一种伪装。给自己更多的时间，其实准确地说，就是给你的"自我"更多的时间。时间，就是过去和未来，也是心智制造的虚幻自我和小我赖以维生的工具，而时间只是在你的心智之中，它不是一个客观存在的外在实体，它是为了感官觉受而存在的心智结构，有其不可或缺的实际用途，但也是我们认识自己的最大障碍。时间是生命的水平向度，实相的表层。然而，生命还有纵向的深度，只有经由当下时刻的大门才能够接触到它。

所以，别为自己增加更多的时间，要把时间移除。将时间从你的意识中排除，就是将小我从你的意识中排除。这是唯一真正的灵修方法。

当我们说到排除时间，当然指的不是钟表的时间。钟表时间有其实际用途，例如，与他人约定见面或是计划一趟旅程。没有钟表时间，我们几乎无法在这个世界上正常生活。我们谈的是排除心理上的时间。心理上的时间指的就是小我心智对过去和未来的无尽关注以及拒绝与生命合一。与当下时刻必然存在的本然（isness）和谐一致，就是与生命合一。

一旦把对当下习惯性地说"不"，改成说"是"，一旦允许当下时刻以其本然面貌存在，你就瓦解了时间和小我。小我为了得以存活，它必须将时间（也就是过去和未来）变得比当下时刻更为重要。除了在索求得到满足后的短暂片刻，小我是无法忍受与当下时刻为友的。而任何事物都无法使小我长久满足。只要它掌控你的生活，你不快乐的方式就有两种：第一种就是所求不得，第二种就是得偿所愿。

本然（whatever is）或眼前发生的事，就是当下时刻表现的形式。只要你的内在抗拒当下，那么形相（也就是这个世界），就是一个不可逾越的障碍：将你和你超越外相的本质分开，将你和你之所是的无形无相至一生命分开。当你的内在对当下时刻表现的形式说"是"的时候，那个形式就会变成进入无形无相世界的大门。世界和神之间的分野就消失了。

当你抗拒生命在此刻所展现的形式时，当你视当下为一个手段、障碍或敌人时，你就强化了自己对外相的认同，也就是小我。因此，小我就会反弹（reactivity）。反弹是什么？就是对过度反应上瘾。你愈是过度反应，就愈是与外相纠缠不清，愈是与外相认同，小我就愈强。你的本体就再也无法经由外相闪耀，或是只能勉强为之。

经由对外相的不抗拒，在你之内超越外相的东西就会以包容万物（all-encompassing）的临在出现，它也是一股比你昙花一现的形相身份（你这个人）还要强大得多的宁静力量。它是你真实面目的一种表达，比形相世界里的一切都还要更深层。

梦者和梦

"不抗拒"是掌握宇宙间最强大力量的关键。经由不抗拒，意识（灵性）就从形式的桎梏中获得解放。内在对外在形式的不抗拒——对本然或眼前发生之事没有任何的内在抗拒，就等于是否定了外在形式的绝对实相。抗拒使得这个世界和属于它的事物变得更加真实，更加坚固，也更为持久，这些事物包括你自己的形相认同——你的小我。抗拒赋予这个世界和小我一定的分量和绝对的重要性，使你将自己和这个世界看得太过认真。"形相"的游戏因而被误认为是一种生存的挣扎，而当你如此认为的时候，这个挣扎就变成了你的实相。

所有发生的事情，所有生命展现的形式，都是如朝露般地短暂。它们都是稍纵即逝的。事物、身体、小我、事件、状况、思想、情绪、欲望、野心、恐惧、戏剧性事件……它们翩然来临，而且伪装成极为重要的样子，在你还没回过神来之前，它们早已消逝无踪，消融在它们源起的"空无"（no-thingness）之中。它们曾经是真实的吗？它们比一场梦（形相的梦）更真实吗？

当我们早上醒来的时候，昨晚的梦早已消逝，而我们会说，"哦！只不过是一场梦罢了！不是真的。"但是，梦里的一些事物应该是真实的，否则不会如此活灵活现。当死亡迫近时，我们回首一生，也会纳闷这一切是否只是一场梦。即使是现在，当你回顾去年的假期或昨天发生的戏剧性事件，也同样会发现，它们和昨晚的梦没什么两样。

有梦，即有梦者。梦就是一个短暂的形相游戏。它自成一个世界，相对来说是真实的，但不是绝对地真实。而梦者，就是形相在其中来来去去的绝对实相。梦者并不是梦中人。梦中人是梦境的一部分；梦者是梦境发生之处，也是梦境得以发生的基础，它是相对后面的绝对，时间后面的永恒，在形相之内以及之后的意识。梦者就是意识本身，也是你的本来面目。

我们现在的目的就是要从梦中苏醒。当我们从梦中苏醒时，小我创造的人间戏码就此终结，而一个更祥和、更美好的梦会升起。这就是新世界。

超越限制

每个人的生命当中，都有一段时间在追求形相层面的成长和扩展。这时你会努力克服一些限制——身体的弱点或是金钱的匮乏，你会获取新的技能和知识，或是经由创意的行为将一些新事物带到世界上来，提升你自己和其他人的生命。这些事物可能是音乐，艺术作品，书籍，你提供的服务，所发挥的功能，你创立的或是付出重大贡献于其中的企业或组织。

当你临在于当下时刻，当你的注意力完全在当下时，临在就会流入你所做的事情之中，并且加以转化。在其中就会有一定的品质和力量。当你所做的事情不是为了达到某个特定目的（如金钱、名声、胜利）的手段，而是为了自我实践时；当你所做的事情都充满了喜悦和活力时，你就是处于当下时刻。当然，除非你与当下时刻友善地相处，否则便无法临在。这是有效行动的基础，不会被负面心态所污染。

形相意味着限制（limitations）。我们在此不仅是为了体验限制，更要借由超越限制而在意识中成长。有些限制可以在外在层面中克服。有些生命中的限制是必须学会与其和睦相处的，而且只能在内在将其克服。每个人迟早都会碰上这种内在的限制。这些限制可能会让你困在小我的过度反应中，也就是处于极端不快乐的状态；或者是，经由对本然（what is）的完全臣服而在内在之中超越它们。这就是这些限制所带来的教诲。意识的臣服状态（surrendered state）在你的生命中开启了一个纵向的向度——有深度的向度。借由这个向度，一些无价的事物就被带到这个世界上，否则这些事物仍将处于未显化的状态。有些人面临的限制较为严峻，但是经由对它们的臣服，这些人会成为疗愈者或是灵性导师。有些人则是无私地奉献：为减轻人类的痛苦，或是为这个世界带来一些别有创意的礼物。

70年代末期，我在剑桥大学念书的时候，每天中午都会和一两位朋友在研究生中心的餐厅用餐。有位坐轮椅的先生，常常会由三四个人陪同着，坐在我们的邻桌。有一天，他就坐在我的对桌，使我不由得在近距离看着他，并对眼前的情景感到惊讶。他几乎是完全瘫痪的，身躯瘦弱，他的头只能永久向前低垂。一旁陪伴的一位男士小心翼翼地将食物放入他的口中，然而，大部分的食物都掉落在另一位男士端在他下巴旁的小盘子里。有时候，这位蜷在轮椅上的先生会发出难以理解的咕哝声，此时，就会有人把耳朵凑到他嘴边倾听，然后竟然还可以将他想说的话翻译出来。

后来，我问我的朋友是否知道这位先生是谁。"当然啦！"我的朋友说，"他是一位数学教授，旁边的人都是他的研究生。他得了运动神经细胞萎缩症，全身各部分会逐渐地瘫痪，最多只有五年可活。没有人的命运会比他更悲惨了。"

几个星期后，当我离开研究生中心时，他正好要进门。我抵着门，好让他的电动轮椅通过。此时，我们的目光相遇。他清澈的眼神让我感到十分讶异——丝毫没有不快乐的痕迹。我立刻就知道，他早已经放弃了抗拒，他生活在臣服之中。

几年以后，我在报摊买报纸的时候，很惊讶地看到他出现在一份国际新闻杂志的封面。他不但活得好好的，还成为全球最知名的理论物理学家。他就是斯蒂芬·霍金。那篇报道中有一段话，绝妙地印证了多年前我从他眼中得到的感受。他对自己生命的评价是（他现在有合成助声器可以说话了）：谁还能祈求更多呢？

本体的喜悦

不快乐或负面心态是我们这个星球上的一种疾病。外在的污染一如我们内在的负面心态。它是无所不在的，不仅出现在物质欠缺之处，在物质充裕甚至过剩的地方更为严重。这令人惊讶吗？在丰衣足食的世界中，对外在形相的认同反而更深，更加迷失在内容中，愈加困在小我里。

很多人相信，他们的快乐取决于外在发生的事，也就是说，取决于形相世界。他们其实不了解，外在发生的事情是宇宙中最不稳定的，是一直在变动的。当下时刻对人们来说，不是被已发生或不该发生的事给破坏了，就是因为一些该发生而尚未发生的事而有所缺憾。因此，人们错失了生命本身所隐含的更深层的完美，一种永恒存在的完美，这种完美超越了正在发生或尚未发生的事，也超越了外相。接纳当下时刻，并且发掘那个比任何外相更加深层、不受时间影响的完美吧。

唯一真正的快乐——本体的喜悦，不会经由任何外在的形相、财产、成就、人物、事件或任何事而降临到你身上。那个喜悦永远不会"来到"你身边。它是散发自你内在无形无相的向度，也就是意识的本身，因此它与你的本来面目是合一的。

容许小我的缩减

小我随时都在提防任何它认为可能会缩减自己的事物。当这种情形发生的时候，"自动化小我修复机制"很快就会启动，以修复心理形式上的"我"。当有人责怪我或批评我，对小我而言就是一种自身的缩减，因此，它会立刻经由自我辩护、防卫、责怪的方式，试图修复被缩减的自我感。对小我来说，对方是对是错并不重要。它对自身的防卫保护比对真相有兴趣多了。而这是对心理形式的"我"的防卫保护。像如果路上其他开车的人骂你一句"白痴"，而你就会立刻回骂，这种稀松平常的事，就是一个自动化而且无意识的小我修复机制。最常见的小我修复机制就是怒气，它可以使小我短暂但是剧烈地膨胀。所有的修复机制对小我来说都很理直气壮，但实际上却是功能失调的。功能失调最极端的例子就是肢体暴力以及在冠冕堂皇的幻想中自我欺骗。

有一种特别强而有力的灵性修持就是：有意识地允许小我被缩减，而不试图去修复它。我建议你不妨经常实验一下。比方说，当有人批评、责怪或是辱骂你的时候，先不要立刻还以颜色或急着为自己辩护，试着什么都别做。让自我形象维持在被缩减的状态，全神贯注在内心深处此时的感受。一开始几秒钟的时间，你可能觉得很不舒服，好像自己的尺寸缩小了似的。然后，你也许会感觉到内在有一种非常鲜活的开阔感。其实你完全没有被缩减，事实上，你扩展了。然后，你会很惊讶地发觉：当在看似被缩减的状况下，而丝毫不加以抗拒和反应时（不仅是外表，内在也是），你会发现根本没有什么实质的东西被缩减了。而经由变得"较少"，你变得更多了。当不再护卫或是试图强化自己的外在形相时，你便从对外在形相和心理自我形象的认同中跳脱。经由变得较少（就小我的观点而言），实际上你经历了一次扩展，并且创造了空间让本体得以显露。真正的力量，也就是你超越形相的本来面目，就可以从外表看似被减弱的形相中闪耀出来。这就是耶稣所说，"否认你自己"，或是"将你的另一边脸让他打"的真正含义。

当然，这并不是说，你可以允许自己被虐待，或是让自己遭受无意识人们的侵害。有时候，在某些情况下，你必须要很笃定地阻吓别人的某些行为。少了小我的防卫心作祟，你的话语会带着力量，但没有过度反应的蛮力。必要的时候，你也可以坚定地、清楚地对某人说"不"！而这正是我所谓的"高质量的不"，不含任何的负面心态。

尤其是当你甘于默默无闻，甘于退居幕后，你就能和宇宙的力量合一。在小我眼中的弱点，实际上却是唯一真正的力量。灵性的真理，与当代文化的价值及其制约人们行为的方式，是完全对立的。

古老的《道德经》教导我们，"做世界的山谷"（为天下豀），而不要做高山。这样你就回归到整体，而天下都是你的（诚全而归之）。

同样的，耶稣在他的寓言故事中也教导我们："你被邀请的时候，要坐在末位上，好让那请你的人来，对你说，朋友，请上座。那时你在同席的人面前就有光彩了。因为凡抬高自己的，必降为卑，降卑自己的，必升为高。"

这个修持方法的另一面就是避免借由炫耀以强化自我，避免强出头、特立独行、刻意强化自己的形象或吸引他人注意。有时候，当每个人都在表达意见时，你也许可以保持沉默，然后感觉一下当时的感受。

如外似内（as without，so within）

当你仰望静夜的无云星空，你也许马上会领悟到一个非常简单却又深远无比的真理。你看到了什么呢？月亮、星球、星星或是明亮发光的银河系，也许看到一颗流星，甚至是在我们隔壁但距离我们有两百万光年之遥的仙女座群星。是的，但是如果你进一步简化地观察，你又会看到什么呢？各种物体在空间中漂浮。所以，宇宙到底包含了什么呢？物体和空间。

如果你在静夜下仰望无云的星空而不会感到瞠目结舌的话，那么你就不是真的用心在看，因为你没有觉察到天空的整体性。你可能只是看到一些星体，并且试着说出它们的名字而已。如果你曾经仰望天空而感到无比敬畏，甚或是面对不可理解的奥秘而感到深深的崇敬之意，这就表示，你已经在那个片刻，放下了对事物加以解释和贴上标签的欲望，你不但已经对空间中的物体有所觉察，同时也对空间本身无限的深度有所感知。你的内在必然已达到足够的定静状态，才能觉察到无数大千世界所在的广阔空间。敬畏之情并非来自于对三千大千世界的惊叹，而是来自于对容纳三千大千世界之处深度的惊叹。

当然，你是看不见空间的，也无法听见、触摸、品尝或是嗅闻它，那么，你怎么能够知道它存在呢？这个听起来很合逻辑的问题其实已经隐含了一个基本的谬误。空间的本质就是空无（no-thingness），所以，就一般口语而言是不会"存在"的。只有事物——形相——才会存在。

即使称之为空间都可能会产生误导，因为一旦命了名，就等于是将它视为物件了。

应该这么说吧，在你之内某处是和空间十分契合的；这就是为什么你能够觉察到它的原因。觉察到它？这也不完全正确，因为如果空间的本质就是空无，没有任何东西让你去觉察，你又怎么可能觉察得到它呢？

答案是很简单又极为深奥的。当你觉察到空间的时候，你其实并没有觉察到任何东西，你觉察到的是觉知的本身——意识的内在空间。经由你，宇宙才能觉察到它自己！

当眼睛看不见任何东西的时候，那个空无就被视为空间。当耳朵听不见任何声音的时候，那个空无就被当成寂静。感官觉受是用来感知外在形相的，当外在形相不存在时，处于觉知之后无形无相的意识，也就是让所有感知、所有经验成为可能的那个意识，就不会再被外相遮蔽。当你注视着太空深不可测的深度，或是聆听日出之前清晨的寂静，你的内在某处可以与之共鸣，一如似曾相识。然后，你就会感受到那个无限深度的空间，其实就是你内在的深度。而且你会知道，那个无形无相的宝贵寂静，相较于构成你生命内容的有形事物，是能够更深切地反映出你本来面目的。

《奥义书》（Kena Upanishad），印度教古代吠陀的典籍，用以下的话语指出了同样的真理：

它是眼睛无法看到的，但眼因它而能看见。凡了悟者就知道它是梵（超灵），而非凡人所崇拜的。（What cannot be seen with the eyes, but that whereby the eye can see: know that alone to be Brahman the Spirit and not what people here adore.）

它是耳朵无法听到的，但耳因它而能听见。凡了悟者就知道它是梵（超灵），而非凡人所崇拜的。

它是心智无法思量的，但心因它而能思量。凡了悟者就知道它是梵（超灵），而非凡人所崇拜的。

这本古老的典籍指出，神是无形无相的意识和你真实身份的本质。其他的都是外相，也是"凡人所崇拜爱慕的"。

宇宙的双重实相，包括了事物和空间——有形与空无——也是你自己的实相。健全的、平衡的、丰盛的人生，就是在构成实相的两个向度（外相与空间）之间来回舞动。大多数的人都非常认同于外相——感官觉受、思想和情绪的这个向度，以至于错失了生命中最主要的、隐秘的另一半。与外相的认同使他们困在小我之中，动弹不得。

你所看到、听到、感觉到、触摸到或想得到的，都只能说是实相的另一半而已。它们都是外相。在耶稣的教诲中，他将外相称为"这个世界"，而另一个向度则称为"天国或是永生"。

如同空间使得所有事物得以存在，没有了静寂就不可能有声响，缺少了关键的无形无相的向度，也就是你真实身份的本质，你也将无法存在。如果"神"这个字不是被如此地误用了的话，我们可以称这个本质为神，但我比较喜欢称它为本体。本体是先于存在（existence）

的。存在是外相、内容，也就是发生的事。存在是生命的舞台前景，而本体则是背景，向来都是如此。

人类集体共有的疾病就是人们太过关注所发生的事，因此被这个世界中不停变动的外相所催眠了，完全沉浸在生活的内容中，而忘却了自己的本质。本质是超越内容，超越外相，超越思想的。人们太过于沉浸在时间之中，而忘却了永恒。永恒是他们的本源，他们的归宿，他们的命运。永恒就是你本来面目的活生生实相。

几年以前我游览中国时，到了桂林附近山顶的一座佛骨塔。塔上有个金粉装饰的浮雕字，我问招待我的中国朋友它是什么意思。"它的意思是佛。"他说。"那为什么看起来像两个字而不是一个呢？"我问。"这一个，"他解释，"意思是'人'，而另外一个的意思是'不'。两个字合在一起就是佛的意思。"我带着敬畏的心站在那里。"佛"这个字本身就已经包含了所有佛陀的教导，而对那些有眼识的人来说，它更代表了生命的秘密。建构实相的两个向度是：有形和空无，外相和无相（denial of form）。所谓无相，就是能够领悟到：外相并不是你的本来面目。

第八章
发现内在空间

  苏菲教派有一个古老的故事：有位住在中东地区的国王，老是在快乐与绝望的情绪中摆荡。一点小事就会让他勃然大怒或是引起剧烈的情绪反应，使得他的快乐像昙花一现般地转变成失望，甚至绝望。终于有一天，国王对自己和自己的生活感到厌烦了，想要寻求出路。他派人去找一位国土中受人尊崇而且据说已经开悟的智者。当智者到来后，国王对他说："我要变成和你一样。请你给我一个可以为我的生活带来平衡、祥和以及智慧的东西好吗？我可以付出任何代价。"

  智者说："我也许可以帮你，但是这个代价太巨大了，你的整个王国都不够付。所以，如果你能珍惜它的话，我就把它当礼物送给你。"国王承诺他会好好地珍惜这份礼物，于是智者就离开了。

几个星期以后，智者回来，交给国王一个装饰精美的玉雕盒子。国王打开它，看到里面有一只很简单的金戒指。戒指上刻了一句话："这个，同样地，也会过去。"（This，too，will past.）

"这是什么意思？"国王问。智者说："经常戴着它，不管发生什么事，在你评断那件事是好或坏之前，触摸这个戒指，然后念上面刻的文字，这样，你就会永远在平安之中。"

"这个，同样地，也会过去。"到底是什么使得这简单的几个字这么有威力？只从表面上来看，当不好的情况发生时，这些字似乎可以提供一些安慰，但同样地，它们也会降低我们对生活中美好事物的享受。因为："别太得意了，它不会长久的。"这好像是当好事出现时，这些字的含义。

如果我们参考前面我提过的两个故事的内容，这些字的全面含义就更清楚了。那位始终以"是这样吗"作为回应的禅师，他内在对于所有发生的事情完全没有抗拒，也就是他的内在与当下发生的事情始终合一，所以对他而言，生活中的事都是"好"的。而那位总是以简洁的"也许吧"作为论点的智者，则是启示我们"不评断"的智慧。这个金戒指的故事则指出了"无常"的事实，当我们能认识到"无常"时，就能够做到"不执著"。不抗拒、不评断、不执著，就是真正自由和开悟生活的三个面相。

刻在戒指上的字不是说不应该享受生活中美好的一切，也不是仅仅在你受苦的时候给你一些安慰而已。它们还有更深一层的任务：让你觉知到，不管是好是坏，由于一切事物的无常本质，所有的事物都是稍纵即逝的。当你觉知到事物的无常之后，你对它们的执著就会减少，同时你对它们的认同程度也会减低。不执著并不表示你不能享受这个世界所提供的美好事物，事实上，你可以更加地享受它们。因为，一旦你看清并接纳万物的无常和不断变化的必然性之后，你可以在它们存在的时候好好享受其中的乐趣，而不会担心或焦虑将来会失去它们。

当不执著时，你获得了一个站在制高点上综观全局的优势，而不会陷在生活事件当中。你就像一个太空人，看到地球被广大的空间包围着，而领悟了一个看似矛盾的真理：地球是珍贵的，但同时也是不重要的。领悟到"这个，同样地，也会过去"能够为你带来不执著，而不执著会让你进入生命中另外一个向度：内在空间。经由不执著，还有不评断、内在不抗拒，你获得了进入那个向度的途径。

当不再完全地认同于有形世界（form）之后，意识，也就是真正的你，就从有形世界的牢狱中解脱了。这份自由，就是内在空间的升起。内在深刻的定静和微妙的平安将到来，即使在看似"不好"的境况下。"这个，同样地，也会过去。"顷刻间，在看似不好的事件周围，出现了一些空间。同样地，在情绪高低起伏的周围，甚至痛苦的周围，也有空间升起。更重要的是，在你的思想与思想之间，也有了空隙。

而那个空隙中,会散发出不属于这个世界的平安,因为这个世界是有形的,而平安是属于空间中的。这就是神的平安。

现在,你可以享受并尊崇俗世的事物,但是不会把它们原本没有的重要性和价值加诸其上。你可以积极地参与创造之舞,但是不执著于结果,也不会对这个世界有不合理的要求,像是:"满足我吧,让我快乐,让我有安全感,告诉我我是谁"。这个世界没有办法给你这些,而当你也不再有这样的期望时,所有我们自己创造的痛苦就终结了。所有这些痛苦,都是由于我们过于珍视这个有形世界,而不理解内在空间的那个向度所引起的。当那个向度出现在你的生活中时,你就可以享受各种事物,各种经验,各种感官的愉悦,而不会在其中迷失了自己,也不会在内在执著于它们,也就是说,不会对任何世上的东西成瘾。

这句话"这个,同样地,也会过去",是一个真相的指标。在指出有形世界的无常时,它也暗喻了永恒。只有你内在的永恒才能够辨识出无常。当失去或是不了解这个空间的向度时,世间的事物就有了一个绝对的重要性,这个重要性是如此的严肃而沉重,但事实上它们是根本不存在的。当我们不能从无形无相的观点来看这个世界时,它就成了一个极具威胁性的地方,最终成为一个让人绝望的地方。《圣经·旧约》的先知必定体察到这一点,所以他写道:所有的事物都是如此地令人厌倦,让人无法诉说。

物体（object）意识和空间（space）意识

大多数人的生活都是充塞着各类事物：物质性的事物，要做的事情，要思考的事。他们的生命就像人类的历史一样，如同英国首相丘吉尔描述的"一件屁事儿接着一件"（one damn thing after another）。他们的心智充斥着杂乱的思想，一个接着一个。这就是物体意识的向度，也是大多数人所经历到的主要实相，这也就是他们的生活如此不平衡的原因。物体意识需要空间意识来平衡，才能让健全的心智重返我们的地球，也让人类能够完成使命。空间意识的扬升是人类进化的下一个阶段。

空间意识意味着，除了对事物有意识之外（指的是能意识到感官的觉受、思想和情绪等），你始终有一股觉知的暗流在意识之中。所谓觉知就是指：不仅对物体、事件有意识，也意识到自己是有意识的。如果能在外在事件发生时，感受到内在那个警醒定静的背景状态的话，那就是它了！在每个人里面都有这个向度，但是大部分的人完全没有觉察到它。有的时候我会借由这句问话来指出它："你能感受到自己的临在吗？"

空间意识不仅代表从小我之中解放出来，也代表从对世间事物，也就是物质主义和物质化的依赖中挣脱。这是灵性的向度，而仅仅这个向度就可以给予这个世界一个超凡而真实的意义。

当你对一件事、一个人或一个状况感到气愤的时候，真正的肇因不在那个事件、人或是状况，而在于你失去了只有空间能提供的看待事情的正确观点。你被物体意识所困，没有觉知到意识本身那个永恒的内在空间。这句话"这个，同样地，也会过去"，可以当成一个指标，帮助我们重建对那个向度的觉知。

另外一个内在真相的指标，也涵盖在下面这句话中："我不是为了我认定的理由而烦恼。"（译者注：出自《奇迹课程学员手册》第五课）

落于思想之下或扬升其上

当非常疲倦的时候，你可能会比平时更平静、更放松。这是因为你的思想平息（subside）了，所以再也记不起来那个心智制造的问题自我（problematic self）。你逐渐进入了睡眠状态。当喝酒或嗑药时（只要它们不会触动你的痛苦之身），你也可能觉得比较放松，比较无忧无虑，而且可能会暂时比较有活力。你甚至可能开始唱歌、跳舞，这些都是自古以来就作为表达生命欢乐的方式。因为那时你的心智比较不会负累你，你可以一瞥本体的喜悦。也许这就是为什么有人叫酒精饮料为spirit（灵性）的原因吧！但在这其中，要付出一个很高的代价：无意识。你并不是扬升于思想之上，而是退落到了思想之下。再来两杯的话，你就回归到了植物状态啦！

空间意识和"恍惚"（spaced out）是不一样的。两种都是超越思想的境界，这点是相同的。主要的不同之处在于：在前者，你是扬升于思想之上；而在后者，你坠落于它之下。一个是人类意识进化的下一个阶段，另一个则是退回到我们早已遗弃的远古时代的一个阶段。

电视

看电视是现在世界上好几百万人最喜爱的休闲活动（或者说是"不动"，nonactivity）。对一个年届六十的美国人来说，他们平均花了大约十五年的时间盯着电视屏幕。在很多其他的国家，这个数字也差不多。

很多人觉得电视能够让他们放松。仔细地观察自己，你会发现，当专注在屏幕的时间愈长时，你的思想活动就愈被抑止。而当花很多的时间在谈话性节目、竞赛节目、剧情片甚至广告时，你的心智就几乎不制造任何思想了。你不但不再记得自己的问题，而且还可以暂时地从自己当中解放出来，还有什么比这更让人放松的呢？

那么，看电视是否创造了更多的内在空间呢？它能让你更加地临在吗？很不幸，它没有。即使你的心智很长时间没有产生任何思想，但它却与电视节目的思考活动联结在一块了。它与人类集体心智的电视版本联结，而且在思考着这个版本的想法。你的心智好像是静止的，因为它不在创造任何思想。但是，它不停地吸收从电视屏幕传来的思想和影像。这引发了一种出神恍惚的被动状态，就像催眠的效果一样，很容易受到摆布。在这种状态下，你的心智就会让所谓的"公众意见"

来随意操纵。这就是为什么政客、利益团体以及广告业主理解并且愿意花上百万美元的广告费，好利用你在这种无觉知的接受状态下来操控你。他们要让他们的思想变成你的，而他们通常都做到了。

所以，当你看电视的时候，通常你都会落入思想下，而不是扬升于其上。这一点，电视和酒精以及一些药物是很相近的。在它提供一些心智上的释放的同时，你也付出了很高的代价：失去意识。就像一些药物一样，电视本身也有让人上瘾的特质。你拿起遥控器想要关电视的时候，却发现自己把所有的频道都浏览了一遍。半小时或一小时过去了，你还是转来转去地在看。"关"这个按钮好像是你手指最无法去按的那一个。你还是在看，通常不是因为有什么有趣的东西吸引你注意，而是正因为没什么好看的所以你一直在看。一旦你上钩了，愈无聊愈无意义的东西，反而愈让你上瘾。如果电视节目很有趣，可以激发一些想法的话，它会刺激你的脑子，让它又开始从事思考，这是一种比较有意识的状态，比由电视所引发的出神状态来得好些。在这种情况下，你的注意力不会完全地被屏幕上的影像所操控。

电视节目的内容，如果有一定品质的话，可以削减甚至解除一些电视媒体所带来的催眠和麻醉心智的效果。有一些电视节目的确也对很多人带来了极大的帮助，带给他们更好的生活，打开他们的心房，使他们更有意识。甚至一些不着痛痒的幽默喜剧，也可能在无意间借由讽刺人类的愚蠢和小我，而流露一些灵性的意味。它教导我们不要把事情看得太认真，用轻松的方式看待生活，最重要的是，它用让我们发笑的方式来教导我们。笑声是特别具有释放和疗愈效果的。但总而言之，电视还是由一群小我挂帅的人来主导的，所以电视有一个隐含的目的就是：利用让你入眠来控制你，也就是说，让你进入无意识。然而，电视媒体还是蕴涵着巨大的未开发的潜力。

避免观看那些不停用各种画面（而且每两三秒钟甚至更短的时间就转换的）来袭击你的节目或是广告。过度地观看电视，尤其是看多了以上那种节目的孩子，特别容易得注意力缺乏症，现在全球有几百万名这样的心理失调的儿童。注意力的短缺会让你所有的观点和人际关系都肤浅而且不能让你满足。在那种状态下，不管做什么，或是采取什么行动，都会缺乏品质，因为品质是需要高度专注的。

经常长时间地看电视不但会让你无意识，也会造成被动性，并且耗费你的能量。因此，选择你要看的节目，而不是漫无目的地随便看。看电视的时候，如果记得的话，随时感觉你身体中的生命力。或是，你也可以不时地去觉察你的呼吸。定时地把眼睛特意地离开屏幕一下，这样它就不会夺走你所有的视觉感受。不要把音量开得太大，免得它完全占据了你的听觉感受。在广告时段就把电视放到静音。确定你不会一关电视就马上去睡觉，或更糟的是看着电视就睡着了。

辨识出内在空间

思想之间的空隙可能已经多少在你的生活中出现了，只是你还没有察觉到罢了。一个被经验迷惑，并且被制约只会与有形世界认同的意识，也就是说，物体意识，一开始几乎不可能觉察到空间的。它根本的含意就是，你是无法觉察到你自己的，因为你一直在觉察其他的事物。你一直被有形世界所搅扰。即使看起来你好像觉察到自己了，你其实是把你自己变成了一个物体，一个念相（thought form），所以你觉察到的只是一个思想，不是你自己。

当你听说内在空间这回事的时候，你可能开始寻求它，然而，因为你是以寻找一个物体或是一种经验的方式在找它，所以你找不到。这也是那些寻求灵性觉醒或开悟的人所面临的困境。因此耶稣说："神的国的到来，没有可供观察的迹象，也不得说，看哪，在这里或在那里。因为看哪，神的国就在你们中间。"

如果能够不把清醒的生活都花在不满足、愁烦、焦虑、忧郁、绝望或耗尽在其他负面的状态中；如果能够享受极其简单的事物，像聆听雨声、风声；如果能够欣赏掠过天际的云彩的美丽，或是有时可以一个人独处，不会觉得孤单或是需要其他娱乐的心理刺激；如果可以不求回报地从内心深处对一个陌生人发出善意……那就说明了，无论如何的短暂，在从未间断思考的人类心智中，有一个空间已经打开了。在这种情形下，你会感到幸福，而且有一种鲜活的平安感觉，即使非常的细微。这其间强度的差异可能很大，从一个好似背景般几乎察觉不到的满足感，到印度古圣贤所称的"阿南达"（ananda）——一种本体的狂喜。因为你被制约只能去注意有形世界，除了以间接的方式之外，你可能很难觉察到它。比方说，在鉴赏美丽之物、欣赏简单的东西、享受自己独处或是以爱与和善待人的能力之间，是有一个共通点的。这个共通点就是满足、平安、活力的感觉，这就是以上那些经验所需具备的无形背景条件。

在生活中，当你能欣赏美、善并能辨识出简单之物的优点时，请在你自身中寻找这个经验的发生之处。但是不要用寻找外在事物的方式去寻找它。你没办法盯住它然后说，"现在我有了"，或是在心智层面去理解并且以某种方式来定义它。它就像万里无云的天空，是无形的。它是空间，是定静，是本体的甜美，而且是无限地超越这些描述的话语的，这些话语只是指标而已。当能够在内在直接地感受到它时，它就更深刻了。所以，每当你能够欣赏简单之美时——一个声音、一个眼神、一个碰触——当你能看见事物之美，当你能对其他人感到爱和慈悲时，感受一下内在的那个宽广空间，它就是那个经验的源头和背景。

历年来，很多诗人和圣人都观察到了那份真实的快乐，我称之为"本体的喜悦"。它都是在一些很简单，而且看起来一点也不起眼的事物之中找到的。大多数的人都是忙碌地寻求在自己身上能够发生一些重要的事件，但也因此而不断地错失那些看起来不重要，却可能是相当重要的事物。德国哲学家尼采，在一个不寻常的深层定静中写道："对快乐而言，真的不需要太多！……其实，就是那些最不起眼的事，最温和的事，最轻柔的事：蜥蜴发出的沙沙声，一回呼吸，一次眨眼，目光的一瞥，小小的东西成就最大的快乐。保持定静吧！"

为什么最小的事情会成就最大的快乐呢？因为真的快乐不是由事物或事件所引发的，即使刚开始看起来好像是这样。那个事物或事件是如此地微细，如此没有威胁性，所以只在你的意识中占了小小一部分，而剩下的就是内在空间，那个没有受到有形世界影响的意识本身。内在空间意识与你的真正本质是别无二致的。换句话说，这些微小东西的外相为内在空间留出了空间。而真正的快乐，也就是本体的喜悦，是从内在空间，也就是那个未受制约的意识本身散发出来的。想要觉察到微小的、安静的事物，你必须要有个静默的内在，高度的全神贯注是必要的。保持定静，看，听，保持临在。

还有一个找出内在空间的方法：对有意识保持觉知（become conscious of being conscious）。说或是想："我本是（I am）"，而不加上任何东西。对那个随"本我"而来的定静保持觉知。感受你的临在，那个赤裸的，原始的，未遮掩的存在本体（beingness）。它不会受到年幼或年长，富有或贫穷，好或坏，或任何其他特质的影响。它是那个孕育所有万物、所有生命形式的广大源头。

你能听到山涧之声吗

有个禅师和他的一名弟子正静默地走在一条山路上。到了一株古老的松树下，他们坐下来吃了一些简单的米饭和蔬菜。饭后，这名弟子，一名尚未掌握禅意之秘关键的年轻和尚，打破了沉寂而问禅师："师父，我如何进入禅呢？"

当然，他是在问，如何进入意识的状态——就是所谓的禅。

禅师保持沉默。这名弟子焦急地等待着答案。五分钟过去了，他正要张口再问的时候，师父突然开口了："你听到山间的溪流声了吗？"

这名弟子根本不知道有山间溪流，他太忙碌于思考禅的意义了。现在，当他开始去聆听这个声音的时候，他嘈杂的脑子终于安静下来。起先，他还是听不到什么。然后，他的思想沉寂了，一个更高的警觉状态出现，突然他真的听到了远方一个很小的溪流发出了几乎听不见的呢喃声。

"是的，我现在可以听到了。"他说。

禅师举起了他的手指，眼睛流露出既严肃又温柔的神采，说："从那里进入禅。"

这名弟子瞠目结舌。这是他的第一次"顿悟"（satori），一瞬之间的开悟。他终于知道，禅就是"不知其知"！（不知道他所知道的是什么！）

他们继续静默的旅程。这名弟子对于他周围景物的鲜活感到极其讶异。他感觉好像是第一次经历到这些事物一样。然后，逐渐地，他的思想又开始了。那个警觉的定静又被他心智的噪音遮盖住了，没多久，他又有一个问题："师父，"他问，"我一直在想，如果我告诉你我无法听到那个山间小溪的话，你会说什么？"禅师停下来，看着他，举起手指说："从那里进入禅！"

正确的行动

小我总会问："怎么样可以让情境满足我的需要，或是如何找到那些可以满足我需要的情境呢？"

临在是一个内在无限宽广的状态。当你临在的时候，你问：我如何回应当下这个情境的需要？事实上，连这个问题都不需要问。你很定静、警觉，并且对当下如是（what is）完全地开放。这样就为这个情境，注入了一个新的向度：空间。然后你观看和聆听。如此你就与这个情境合一了。所以，不是产生一个反应来对抗这个情境，而是与它融合，然后解决之道就从这个情境本身中升起。实际上，观看和聆听的不是你这个人，而是那个警觉定静的本身。这样一来，如果可能或需要采取行动的话，你就会采取行动，或者说：正确的行动会经由你而发生。所谓正确的行动是指：对整体而言是正确的。当行动完成了以后，那份警觉和宽广的定静还是存在。没有人会以胜利者的姿态高举双手叫道："耶！"也没有人会说："瞧，那是我做的！"

所有的创意都来自内在的广大空间。一旦创造发生了，进入了物质形相之中，你要小心不要让那个"我"或"我的"的概念又升起。

如果你居功于你的成就，小我又回来了，而那个广大空间就会被遮盖了。

认知（perceiving）但不评断（naming）

大多数人对于他们周遭的世界只是有个模糊的了解，尤其是当周边环境对他们来说很熟悉的时候。他们脑袋里的声音夺走了大部分的注意力。很多人觉得，当他们旅行和探访不熟悉的地方或是国外时，会比较有活力，因为那时他们的感官觉受力，也就是经验事物的能力，比思考占有更多的意识。他们会变得比较临在。但有一些人，即使在那种情况下，还是完全被他们脑袋里的声音所占据。他们的认知和经验被当下立即的评断给扭曲了。他们其实哪里都没有去，只是他们的身体在旅行而已，他们还是在自己的老地方：脑袋里。

其实这是大多数人的情况：一旦我们认知到了一些事物，我们就立刻让小我（虚假的自我）来予以评断、阐释，和其他事物比较，决定自己喜欢或不喜欢它，称它为好或坏。这些人是被囚禁在念相和物体意识之中。

除非强迫性和无意识的评断习惯能够停止，或至少能觉察到它并且在它发生的时候就能够观察到，否则你在灵性上就无法觉醒。我们的小我就是经由不停地评断的过程而得以续存，成为那个不受观测的心智。当它停下来，甚至只是当你觉知到它时，你就有了内在空间，而不会被心智占据。

就近选择一件物品——一支笔、一张椅子、一个茶杯、一株植物，然后用视觉探索它，也就是说，带着极大的兴趣，几乎是好奇地看着它。避免选择一些有强烈个人色彩而容易回想起过去的东西，像什么地方买的，谁给的等等。也避免任何有文字的东西，像书或是瓶子，因为它们可能会激发一些思想。不要紧张，放松但保持警觉，把所有的注意力都放在这件物品上，注意它的每一个细节。如果思想升起了，不要陷入其中。你要注意的不是那些思想，而是在感知的这个动作。你能把思考带到感知之外吗？你是否能够看着它，而脑袋里不会出现批评、下结论、比较或试着理解的声音？过了几分钟以后，让目光在四周环视一下，那警觉的注意力会照亮你眼光所及的每一件东西。

接下来，试着聆听现场所有的声音。用前面看着四周的方式来聆听。很多声音也许是自然的——水、风、鸟，而有一些声音可能是人为的。有的声音也许很悦耳，有些不是。然而，不要去分辨好坏。允许每一个声音如是存在，不要阐释它们。在这里，同样的，放松而警觉的注意力是关键。

当用这种方式看和听时，你可能会觉察到一个细微而且一开始根本注意不到的平静感。有些人感觉到它像是在背景中的一种定静。有些人称之为平安。当意识不是全面地被思想所占据时，有一部分的意识就可以维持它无形无相的、不受制约的、原始状态。这就是内在空间。

谁是经验者

你所能看到、听到、尝到、碰触到和闻到的东西,当然,都是感官的客体(objects)。它们是你所经验到的。但谁是那个主体(subject),那个经验者呢?比如,你现在说:"嗯,当然,我是陈淑贞,一个资深的会计师,45岁,离婚,有两个孩子,中国人,我就是那个主体,那个经验者。"其实你错了。陈淑贞,和其他所有与陈淑贞这个心理概念认同的事物,都是经验的客体,不是那个经验的主体。

每一个经验都有三种可能的成分:感官觉受、思想或心理的意象(images),还有情绪。陈淑贞,资深会计师,45岁,两个孩子的母亲,离过婚,中国人,这些都是思想,所以它们是你在思考这些想法的时候,所经验到的一部分。这些和其他你可以谈论或是想到的关于自己的事情,都是客体,不是主体。它们是你的经验,不是经验者。关于你是谁,你还可以加上另外一千个定义(想法),这样做当然会增加你自己经验的复杂性(还有充实你的心理咨询师的荷包)。但是,这样还是找不到主体——就是在所有经验出现之前就已经存在的那个经验者。没有他的话,根本就没有经验可言。

所以到底谁是经验者呢?当然是你。那你又是谁呢?意识。那么意识又是什么呢?这个问题没有办法回答。一旦你回答了它,你就歪曲它了,使它成为另外一个客体。意识,传统的说法是心灵(spirit),是无法用一般文字来理解的,而试着去寻找它也是徒劳无功。

所有的知晓（knowing）都是在二元对立的范畴内，受限于主体和客体，知晓者和被知者。那个主体，我，一个知晓者，没有它的话，任何事物都无法被知晓、被觉察、被思考或被感觉到，所以它一定是要维持一个永远无法被知晓的状态。这是因为那个"我"是没有形相的。只有形相才能被知晓，然而，没有那个无形的向度的话，这个有形的世界就无由存在。它是这个世界生灭于其中的光明空间。那个空间就是我本是的那个生命，它是无时间性的。"我本是"是无时间性的，永恒的。在那个空间里发生的事，都是相对而短暂的：乐与苦，得与失，生与死。

去发掘内在空间并且寻得那个经验者的最大障碍就是，你被那个经验迷惑而在其中丧失了自己，意思就是意识在它自己的梦中迷失了。你被每一个思想、情绪、经验欺骗到了一个程度，以至于你事实上已经在一个梦幻的状态中了。这已经变成了几千年以来，人类一个普遍的状态。

虽然你无法知晓意识，你却可以意识到它就是你自己。无论你在何处，你可以在任何情况下直接感受到它。你可以在此时此地感受到，它就是你的临在。就是在这个内在空间中，这一页的句子能够被认知到并且转变成思想。它就是隐于幕后的本我（I am）。你在读和想的这些字句是幕前的东西，而本我则是幕后的基础，它是支持每一个经验、思想和感受的幕后背景。

呼吸

你可以在思想续流之间创造空隙，来发掘内在空间。没有这些间隙，你的思考是重复的，无新意的，缺乏创意的火花，而这是地球上大多数人的情形。你不必担心这些间隙的长度，几秒钟就够好了。逐渐地，它们会自行延长，你丝毫不必费力。重要的不是间隙的长度，而是要常常把它们带到生活中，这样你的日常活动，还有你的思想续流中就会有空间出现。

最近有人给我看了一个规模很大的灵性机构的年度课程表，上面有各式各样有趣的课程和工作坊可供选择，让我印象深刻。它让我想起瑞典的一种自助大餐（smorgasbord），在这种斯堪的纳维亚半岛的自助餐当中，有各式各样令人垂涎欲滴的菜肴任你选择。那个人问我是否可以推荐一两个课程，"我不知道，"我说，"它们看起来都那么有趣，不过我知道的是，"我补充，"如果随时随地想起来的话就去觉知你的呼吸，愈频繁愈好。这样做一年，它的转化力量比你上所有这些课都来得大，而且它是免费的。"

觉知你的呼吸，可以把注意力从思想上转移开，并且创造空间。它是创造意识的一种方法。虽然整个意识早就以未显化（unmanifested）的状态存在了，我们在这里就是要把意识带进目前的这个向度当中。

觉知你的呼吸，注意到呼吸的感受，体会空气进出你身体的感觉。注意在呼吸时你胸部和腹部是如何微微地扩张和收缩。一个有觉知的呼吸就足以在一个接着一个的思想续流之中，创造一些空间。每天试着多做几次有觉知的呼吸，这是把空间带入你生活的绝佳妙方。即使你和一些人一样，每天观呼吸冥想两个小时或更久，其实你仅仅需要觉知到一个呼吸（你一次也只能觉察到一个）就够了。其余的都是记忆或期待，也就是说：思想。呼吸并不是你在"做"的事情，你只是目睹它的发生。呼吸是自然发生的，是你身体内在的智性在运作。你需要做的就是目睹它的发生，不需要紧张或费力。同时，注意呼吸中的暂停时段，尤其是在你呼气终了、准备开始吸气时的那个定静点。

很多人的呼吸是极不自然地短浅。你愈加觉知到你的呼吸，它就愈会重回到它自然应有的深度。

因为呼吸是如此无形无相，自古以来它就被视为等同于"心灵"——无形无相的至一生命。"神用地上的尘土造人，并将生命之气吹进了他的鼻孔里，然后那人就成了活的受造物。"

德文中"呼吸"（atmen），就是从古印度文（梵文）atman 来的，意思是内在常驻的圣灵或是内在的神。

呼吸是无形无相的事实，说明了为什么呼吸觉知是把空间带入你生活中并创造意识的一个非常有效的方式。正是因为它的无形无相，不是一个实物，所以它也是绝佳的冥想对象。另外的理由就是，呼吸是最微细和看起来最不重要的一种现象，而根据哲学家尼采的说法，"最不重要的事会创造最大的快乐！"你是否把呼吸觉知的练习当成一种正式的冥想方法,这取决于你。然而正式的冥想方法,是无法取代把空间觉知带进你每日生活的这种练习的。

觉察你的呼吸可以迫使你进入当下的时刻,而进入当下时刻是所有内在转化的关键。当你意识到你的呼吸时,你就是绝对地临在。你也许会注意到你无法同时思考并觉察你的呼吸,有意识的呼吸会停止你的心智。但这完全不是进入恍惚或是半睡眠的状态,你还是非常地清醒和高度地警觉。你不是落于思想之下,而是超越了它。如果你看得更仔细的话,你会发现这两种情形:完全进入当下时刻,和停止思考而不失去意识,其实都是同一回事:空间意识的提升。

上瘾症(addictions)

一个长期的、强迫性的行为模式可被称为是一个瘾头(addiction),而这个瘾头在你之内,以准实体或子人格的方式存活,成为一个能量场,不定期地会完全接管你。它甚至还会接管你的心智,以及你脑袋里的声音,而让后者成为那个瘾头的声音。它也许会说:"你今天真辛苦。你该得个奖励。何必拒绝你生活中所剩的唯一乐趣呢?"如果你由于缺乏觉知而与这个内在声音认同的话,你就会发现自己正走到冰箱门口,准备拿那个很甜腻的巧克力蛋糕。其他时候,这个瘾头可能完全直接跳过心智的思考,而你突然就发现你正在抽烟或是手上已经拿着饮料了。"这玩意儿怎么跑到我手中的?"从烟盒中拿出这根烟然后点燃，或是为你自己倒了一杯饮料，这两个动作都是在你完全无意识中发生的。

如果你有一个强迫性的行为模式，像抽烟，暴食，喝酒，看电视，上网成瘾或任何其他的瘾头，这是你可以做的：当你注意到那个强迫性的需求在你之内升起的时候，停下来，然后做三次有意识的呼吸。这样可以创造觉知。然后花几分钟去觉察那个强迫性的冲动本身，它是你内在的一个能量场。有意识地去觉察你身体或心理要摄取或消耗某种物质的需要，或是要把那个强迫性行为表达出来的欲望。然后再做几次有意识的呼吸。之后也许你会觉得那个强迫性的冲动已经消失了，至少目前是。或许你会觉得它还是掌控你，使你不得不沉溺于它，或是把它表达出来。不要视它为一个问题，把你的上瘾症作为上面描述的那种觉知练习的一部分。当觉知增加时，上瘾的模式会变弱并且最终会瓦解。然而，你要记得，当任何为你上瘾行为辩护的思想（有的时候还蛮有道理的）出现在你的脑海时，要随时逮住它们。问你自己：这是谁在说话？然后你会发现，原来是那个瘾头在说话。只要你知道这点，只要你是以心智观察者的身份临在，它就不太容易把你拐去做它想要做的事情。

内在身体的觉知

另外还有一个简单但却极为有效的方法，可以让你在生命中找到空间，它也是与呼吸密切相关的。你会发现，当能够感受到空气细微地在身体进出，还有胸部和腹部的起伏时，你也同时觉知到了你的内在身体。你的注意力可能从呼吸转移到对内在生命力的感受，进而扩散到全身。

很多人被思想所搅扰，并且与他们脑袋中的声音如此地认同，以至于他们无法感觉到自己内在的生命力。无法感受到赋予肉体活力的生命力，也就是你自己的生命，这对你来说是莫大的损失。如此一来，你不但开始寻找那个内在自然幸福状态的替代品，还会寻找其他的事物来遮掩你经常性的不安。这个不安来自于你无法与生命的活力接触，虽然这个活力始终在那里，但总是被忽视。人们寻找的替代品中，有因为药物而导致的兴奋状态（highs），超大音量的音乐造成的过度感官刺激，惊悚或是危险性的活动，或是性泛滥。甚至像关系中的一些剧码，也用来成为那个活力真实感的替代品。而最常用来遮盖这种经常性背景般不安状态的事物，就是亲密关系：一个可以"让我快乐"的男人或女人。当然，这也是最常见的令人失望的经验之一。当那种不安再度升起时，人们通常会为此责怪他们的伴侣。

做两三次有意识的呼吸，现在看看你是否能探测出一点点细微的活力感，这种活力是充满你整个内在身体的。这样说吧，你能从内在感受你的身体吗？很快地感受一下身体的个别部位。感觉你的手，手臂，脚和腿。你能感受到腹部，胸部，颈部和头部吗？你的嘴唇呢？

在它们之中有生命吗？然后再试着感受一下整个内在身体。在刚开始练习的时候也许要闭上眼睛，当你能够感受到你的身体之后，睁开眼睛，环顾四周，在此同时，继续去感受你的身体。有些读者也许觉得不需要闭上眼睛，他们可能在阅读到这里的时候，就能实际地感受到他们的内在身体了。

内在和外在空间

内在身体不是坚实的，而是空旷的。它不是你的身体形相（physical form），而是赋予身体形相的生命。它是创造和维持身体的智性，同时协调上百种不同的、极度复杂的功能，这些功能人类心智可能只懂得一点点。当你觉知到它的时候，实际上就是那个智性已经觉知到它自己了。它就是那个令人困惑的"生命"，没有科学家曾经找到过，因为负责寻找它的那个意识，就是它自己！

物理学家发现，我们的感官创造了一个假相：所有物体看起来是无比地坚实。这包括我们的肉体：我们感知并认为我们的肉体是有形有相的，但其中 99.99% 其实都是空的。相对于原子本身的大小，原子与原子之间也有如此的庞大的空间。同样，在每个原子自身之中，也有如此广阔的空间。你的肉身只不过是一个你认为"你是谁"的错误的认知。在许多方面，身体都像一个外太空的微宇宙版本。为了要让你理解在天体之间到底有多巨大的空间，可以试想：光速每秒 30 万公里，所以只要一秒多一点，光就可以在地球和月球之间来去，从太阳来的光芒大约需要八分钟才能到达地球。在太空中离我们最近的邻居，是一颗叫做人马座的星球，也是离我们自己的太阳最近的"太阳"。从它那里，光需要四年半的时间才能到达地球。这显示了围绕着我们的空间有多广大。还有一些银河系之间的太空，它的浩瀚是不可思议的。离我们银河系最近的仙女座银河系，光速要花240万年才能到达地球。对于你的身体和这个宇宙一样的广大无边，你能不感到惊讶吗？

所以当你更深地进入那个有形有相的肉身时，它会展现出它本质上的无形无相。它会成为你进入内在空间的大门。虽然内在空间也是无形的，它却是极度地活跃。所谓的"空间"，就是生命全然的展现，也就是那未显化的源头，而所有显化的事物都是源自于那里。这个源头的传统说法就是神。

思想和字句是属于有形世界的，它们无法表达无形世界。所以当你说，"我可以感受到我的内在身体"，就是一个思想所创造的错误观点。真正的情况是那个表现出是一个身体的意识，也就是本我的意识，已经觉知到它自己了。当我不再把"我是谁"和一个短暂的形相"我"混淆在一起的时候，那个无限和永恒的向度——神——就能经由"我"来表达自己。同时它也将"我"从对形相的依赖中解脱出来。然而，一个纯粹理性上的认知或相信"我不是有形有相的"并没有帮助。最重要的问题是：此刻，我是否能感受到内在空间的临在，而它真正的意思是：我是否能感受到我自己的临在，或是，那个本我的临在？

或许我们可以用另外一个指标来指引这个真理。问你自己："我是否不仅觉知到此刻正在发生的事情，同时也觉知到'当下'的本身，也就是那个活生生的永恒内在空间，而万事万物都是衍生于其中的？"虽然这个问题看起来好像和内在身体无关，你也许会很惊讶地发现，当你能够觉察到当下的那个空间时，你会突然感觉内在更加地有活力。你感觉到了内在身体的活力，那种充满活力的感觉就是本体喜悦本质的一部分。我们必须进入身体才能够超越它，然后知道：我们不是我们的身体。

在日常生活中，每天尽可能用内在身体的觉知去创造空间。当你在等待时，聆听某人说话时，当你停下来注视蓝天、树木、花朵、你的伴侣或孩子时，同时感觉你内在的那个活力。这意味着你一部分的注意力或意识要保持无形无相的状态，然后剩下的注意力或意识可用于外在的有形世界。当你用这种方法"进驻"你的身体时，它会成为让你保持临在于当下的一个船锚。它可以帮助你，不至于迷失在自己的思考、情绪或外在的情境中。

当你思考、感觉、感知和经历时，意识就在有形世界中诞生了。它转世重生为思想、感受、感官觉知和经验。佛教徒最终想要从中解脱出来的转世重生其实不停地在发生，而只有在此刻，经由当下的力量，你才可以从那个轮回中跳脱。

经由完全地接纳当下的有形世界，你和空间产生了内在的一致，而空间就是当下的本质。经由接纳，你内在就有了空间。与空间一致，而不是与有形世界一致，这会为你的生活带来真实的知见和平衡。

注意那个间隙

一整天中，你不断地看见和听到持续变化的事物。在看见东西和听到声音的第一时间——尤其是那个东西对你来说不熟悉时——在你的心智评断或解释你所见所闻之前，通常会有一个高度警觉的间隙，而你的认知就是从这个间隙中出现的。这就是内在空间。它持续的时间因人而异，但你很容易错过它，因为对很多人来说，这个空当非常短暂，也许只有一秒钟或更短。

它发生的过程是这样的：一个新的景象或是声音升起，在认知开始的第一时间，在我们习惯性的思考续流之中，会有一个短暂的停顿。意识与思想分开了，因为那一刻的感官觉受也需要意识。所以一个不寻常的景象或声音会让你"目瞪口呆"（内在也是），也就是说，会产生一个较长的间隙。

这些空间出现的频率和长度会决定你享受生活的能力以及感到内在与人类和大自然联结的能力。它同时也决定了你能从小我中解脱出来的程度，因为小我对空间这个向度是完全没有觉知的。

如果能意识到这些短暂空间的自然发生，它们就会延长，然后，你会更频繁地经验到单纯去认知事物而没有思想或很少思想来搅扰的喜悦。你会感觉周遭的世界变得鲜活、新奇而且有生气。愈是经由抽象和概念的心理屏幕去感知生活，你周遭的世界就变得愈加没有生气而且单调。

失去自己以找到自己

每当放下重视有形世界身份认同的需求时，内在空间就会升起。那个需求是来自小我的，它不是真正的需求，我们已经简短地谈到过这一点。每当舍弃一些这样的行为模式时，内在空间就出现了，你将成为比较真实的你。对小我来说，看起来这好像是你失去了自己，但实际上却相反。耶稣已经教导我们，你必须先失去自己才能找到自己。每当你能够放下这些模式中的一种时，你对自己在有形世界层面中的样貌就少一份重视，而你超越形相后的真实身份就会更完整地出现。你变少了，因为这样你可以成为更多。

人们无意识地试图强调他们有形世界身份的方法有很多种。如果你够警觉的话，你可以觉察到自己内在的这些无意识的模式：要求自己的功劳被认可，如果没有的话就会生气或是难过；经由诉说自己的问题、生病的经过或是装腔作势以得到关注；在别人还没问你之前就表达自己的意见，即使这些意见对事情一点帮助也没有；关心别人怎么看你比关心别人多，也就是说，利用别人来作为你小我的反映或是提高小我；试着在别人面前炫耀自己拥有的东西，知识，好看的外表，地位，体能优势等，好让人另眼看待；经由对人或事愤怒的反应来暂时地膨胀小我；觉得事情都是冲着你来的，因而感觉被侵犯了；以无用的心理或口头的抱怨来证明你是对的而别人是错的；需要被关注，或是需要看起来很重要。

当你觉察到自己内在有这样的模式时，我建议你做一个实验。去看看当你放下那个模式时，你的感觉是什么，而且会发生什么事。就只是放下它，然后看看接下来会发生什么事。

另外一个产生意识的方式是，不在形相的层面去强化自己的身份。当你不再重视形相认同时，试着发掘那经由你而流入世界的巨大力量。

静默

有人说："静默是神的语言，其他都是蹩脚的翻译。"静默的确是空间的另一种表达。在生活中碰到静默的时候有意识地觉知它，这样可以使我们与内在那个无形和永恒的向度联结，那个向度是超越思想和小我的。它可能是那个弥漫于大自然界的静默，或是清晨在你房里的静默，或是在声音与声音之间那个沉默的间隙。静默是无形无相的，所以经由思考我们无法觉察到它，思想是一种念相。觉察到静默的意思就是保持静默，保持静默就是保持意识但是没有思想。在静默之中，你在本质上以及更深的层面上，是最接近自己的。在静默中，你是原来的你，就是在暂时承继了这具肉体和心理形式而被称作一个"人"之前的那个你。也是在那个肉体和心理形式瓦解之后，即将成为的你。当静默时，你是那个超越暂时存在的你；也就是不受制约，无形无相，永恒的意识。

第九章
你的内在目的

一旦不需要考虑生存的问题之后,生命的意义和目的就成了极为重要的一个问题。很多人觉得困在每日生活的例行公事当中,生命的重要性受到了剥夺。有些人相信他们正在错过生命,或是已经错过了生命。还有人觉得深受工作要求、养家糊口、金钱和生活状况的约束。有些人深陷于极端的压力中,有些人则觉得生活极度无趣。也有人迷失在疯狂的行为当中,而有些人则陷入停滞不前的状况。很多人向往金钱富足所带来的自由和海阔天空,有些人虽然已经享受到富足所带来的相对自由,却又发觉即便如此,他们的生活仍然了无意义。对于寻找真正的目的这件事,是没有任何东西可以替代的。但是,真正的或是主要的生命目的并不能在外在层次中求得。它和你所做的事无关，而是和你的本质有关，也就是说，和你的意识状态有关。

因此，最重要的事情就是去了解：生命具有内在目的和外在目的。内在目的与你的本体有关，而且是最主要的。外在目的与你的作为有关，而且是次要的。虽然这本书谈的主要是内在目的，在本章和下一章中，也会讨论如何使你生命中外在和内在目的和谐一致的问题。然而，内在和外在是如此紧密地相连，你几乎不可能只谈一个而忽略另一个。

你的内在目的是觉醒，就是这么简单。这个目的对地球上所有人来说都是一样的，因为它就是人类的目的。你的内在目的，是整体目的中相当重要的一部分，所谓整体，包括了宇宙及其萌生中的智性。你的外在目的会随时间而改变，也会因人而有很大的差异。找到你的内在目的，并且活出和它的一致性，是你成就外在目的一个重要的基础。它也是真正成功的基础。当然，就算没有这个一致性，你仍然可以经由努力、奋斗、决心、下苦功或是投机取巧而有所成就。但是，在这些努力当中却没有喜悦可言，而且无可避免地会以某种形式的受苦作为结束。

觉醒

觉醒是意识的转化，在其中，思想和觉知是分开的。对大多数人来说，它不是一次性的事件，而是他们经历的一个过程。对于那些少数经历到突然的、戏剧化的以及看似不可逆转的觉醒经验的人来说，他们还是需要经历一个过程，好让新的意识状态逐渐流入并且转化他们所做的每一件事，然后整合进入生活当中。

当觉醒的时候，你不会再迷失在思想当中，而能体认到，其实你就是思想背后的觉知。自此，思想不再是那个自我服侍（self-serving）的自发活动，占有你并且控制你的生活。觉知取代了思想，思想无法再掌控你的生活，它成为觉知的仆人。觉知就是与宇宙智性（universal intelligence）有意识地联结。另外一个说法就是临在，有意识而无思想。

觉醒过程的开始要仰赖恩典的行动。你不能促使它发生，或是预先准备好迎接它或是累积功德来得到它。虽然我们的头脑非常热衷于此道，但是觉醒不是靠一个循序渐进的理性步骤可以达到的。你也毋须先成为一个有价值的人，它可能先降临在罪人身上，而不是圣者身上，不过这都不一定。这就是为什么耶稣会和各式各样的人来往，不是只限于受尊敬的人。对于觉醒，你什么都不能做，无论你做什么，都可能会是小我试图要把觉醒或者开悟加入它最有价值的收藏品行列，以便让自己更加重要，并且更为壮大。你把觉醒这个概念，或是一个觉醒甚或开悟者的形象加到心智当中，然后试着活出那样的形象，而忘却了觉醒本身。想要活出一个你加诸在自己身上或是别人给你的形象，是非常不真实的生活，这也是另一种小我扮演的无意识角色。

既然无法"做"什么而达到觉醒，而且它不是已经发生了就是还没有发生,那么它怎么可能成为生活的主要目的呢?所谓的"目的"不就意味着你可以"做"什么吗?

只有第一次的觉醒,第一次对"有意识而无思想"的一瞥,是需要恩典才能发生的,在你这里不需要任何作为。如果你觉得这本书无法理解或是了无意义,那么,你的觉醒就还没有发生。然而,如果你的内在对本书产生了一些回应,如果你多少能体会一些其中的真理,就表示觉醒的过程已经展开。这个过程一旦开始了,就不可逆转,但是可能会被小我拖延。对某些人来说,光是读这本书,就会启动觉醒的过程。对其他人来说,这本书的功用就是帮助他们体认自己已经开始觉醒的事实,并且强化、加速这个过程。本书的另外一个功用就是,当内在的小我试图重新掌控并且阻碍觉知升起的时候,帮助人们辨识出来。对一些人来说,觉醒的发生是当他们突然觉察到自己的习惯性思维时,尤其是那些他们已经认同了一辈子的持续性负面思想。突然间,他们心中会升起一种觉知,这种觉知能够觉察到这些思想,但却不是它们的一部分。

觉知和思考的关系是什么呢?觉知是思想所在的空间,当这个空间能够意识到它自己的时候,就是觉知。

当你瞥见了觉知或是临在,马上就会知道的。那时,它就不再是脑袋中的一个概念而已。然后你就可以做出有意识的选择:保持临在而不沉溺于无用的思考之中。你可以邀请临在进入你的生活中,也就是说,腾出空间来。觉醒的恩典来到之后,也带来了一些责任。你可以试着继续过你的生活，好像没事发生一样，你也可以看到它的重要性，并且体认出：这个正在扬升的觉知，可能是发生在你身上最重要的一件事情。向着这个正在萌生的意识打开你自己，把它的光带进这个世界，并让它成为生命中最重要的目的。

"我要了解神的心智（the mind of God），"爱因斯坦说，"剩下的都是细节。"神的心智是什么？就是意识。了解神的心智是什么意思？就是去觉知。所谓的细节又是什么？就是你外在的目的，和外在所发生的事情。

所以，当你可能还在等待一些重要的事情在你生活中发生时，你也许还不了解：每个人身上可能发生的最重要的事情，早已经发生在你的内在了——也就是，思考和觉知分裂的过程已然展开。

对很多正在经历初期觉醒过程的人来说，他们已经不再确定自己的外在目的究竟是什么。驱动这个世界的力量已经无法再驱使他们了。当认清人类文明的疯狂之后，他们可能会觉得与周遭的文化格格不入。有些人会觉得，他们好像住在两个截然不同世界之间的无人之地。他们不再被自己的小我主宰，但是正在扬升的觉知又还没有完全整合进入生活之中。内在和外在的目的尚未合而为一。

一段关于"内在目的"的对话

下面的对话是从我和许多人的谈话中节录出来的。这些人都正在寻找真正生命的目的。当某些东西能够表达你内在最深的本体并且与之共鸣，同时又能与你内在目的一致的时候，你就知道它们是真实的。这就是为什么我要引导这些人一开始就先去注意他们的内在目的，也就是最重要的目的。

我想要做一些生活上的改变，但是我不知道到底要什么。我要发展，我要做一些有意义的事，而且，是的，我要金钱的富足和它所带来的自由。我想做一些重要的事，一些可以为这个世界带来改变的事。但是如果你问我究竟要什么，我只能说我不知道。你能帮我找出生命的目的吗？

你的目的就是坐在这里跟我说话，因为这就是你目前所在之处，而且就是你正在做的事。直到你起身去做别的事为止。然后，那件事又会变成你的目的。

所以，我的目的就是在接下来的三十年中，坐在办公室里，直到我退休或是被解雇？

你现在不是在你的办公室里，所以那就不是你的目的。当你真的坐在你的办公室里做事，那么，那些事就是你的目的。不是接下来的三十年，而是现在。

我想我们可能有些误解吧。对你来说，所谓"目的"，就是你现在正在做的事，对我而言，目的指的是在生命中的总体目标，一个远大而且重要的目标，可以让我做的事变得有意义，一个可以带来一些改变的目的。坐在办公室里翻动文件不是我所谓的目标，这一点我很清楚。

如果你没有觉察到你的本体，那么，你就只能在作为（doing）和未来的向度中寻求意义，也就是说：在时间的向度中寻找。无论你找到的是何种意义和满足，最终都会瓦解或是变成一种谎言，同时一定会被时间摧毁。在那个层次所找到的任何意义，都只是相对地、暂时地真实。

比方说，如果养育孩子给你的生命带来意义，那么当他们不需要你，甚至不听你话的时候，你的意义会怎样呢？如果帮助他人给你生命带来意义，你就得期望别人要始终比你差，如此，生命才会持续有意义，同时才会对自己感到满意。如果出类拔萃的欲望，或是在某种活动上的成功会为你带来意义，那么，如果你无法获胜，或是你致胜的运气有一天到了尽头（总是会的），那又如何？到时候，你就必须仰仗你的想象力或是记忆来寻找意义，而想象力和记忆都是无法为生命带来满足的。无论是在哪一个领域，所谓"做到了"，都是相较其他成千上万的人都"做不到"才会显得有意义。所以你需要别人失败，你的生命才会有意义。

我并不是说帮助他人和照顾小孩，或是在各个领域中追求卓越，都是不值得去做的事情。对很多人来说，这些都是他们外在目的很重要的一部分。但是，如果纯粹只有外在目的，那它始终是相对的，不稳定的，而且是无常的。这并不是说你不应该参与这些活动，而是说，你应该让这些活动与你内在的、主要的目的有所联结，如此一来，更深层的意义才会流入你所做的事情当中。

如果你的生活无法与主要目的一致，那么，无论你追求的目的是什么，即使是在地球上创造天堂，都会是出于小我，或是被时间所摧毁。这种情况迟早会导致某种痛苦。如果你忽视了内在目的，无论你做什么事情，即使看起来是有关灵性方面的事，小我都会乘虚而入干涉你做事的方式，所以最终，你做事的方式会破坏你的目的。常言道："地狱之路是好的意图铺起来的。"就是指出了这个真理。换言之，你的目标或行动不是主要目的，重要的是：它们是出于何种意识状态？完成你的主要目的，就是为一个新的实相，一个新世界奠基。一旦基础奠定了以后，你的外在目的就会满载灵性力量，因为你的目标和意图都会与宇宙进化的脉动一致。

你的主要目的之核心——思考和觉知的分离，是经由时间的消失而发生的。当然，这里指的不是时间的实用性质，例如和他人约定时间或是安排一个旅程。这里指的不是钟表时间，而是心理上的时间。所谓心理上的时间就是我们心智最根深蒂固的一个习惯：在无法寻求圆满的未来之中，追寻生命的圆满，同时忽略唯一可以进入圆满的那个点：当下时刻。

当你把所做之事或是所在之处视为人生的主要目的的时候，时间就消失了。这会赋予你极大的力量。在做事的时候让时间消失，也会联结内在目的和外在目的，并联结你的本体和你的作为（doing）。当你让时间消失时，同时也让小我消失了。无论你做什么，都会做得非常好，因为"做"本身已经成为你注意的焦点了。你所做的事就会成为意识进入这个世界的管道。这意味着你所做的事情就会有一定的品质在其中，即使是最简单的一些行为，像翻电话号码簿或是穿过这个房间。翻页的主要目的就是去翻页，第二目的是去寻找电话号码。穿过房间的主要目的就是穿过房间，第二目的是去房间的另一边拿一本书。当你拿起那本书的那一刻，拿书又成为你的主要目的了。

也许你记得我们稍早谈到的时间的矛盾：你所做的事虽然需要时间，但是它总是发生在当下。你的内在目的就是让时间消失，而你的外在目的一定会牵扯到未来，所以没有时间就无法存在。但是它始终都是次要的。每当你感到焦虑或是压力时，外在目的就已经接管了，你也因而忽略了你的内在目的。同时，你忘记了你的意识状态才是最重要的，而其他的都在其次。

像这样的生活难道不会阻止我去成就某些大事吗？我害怕此生将永远纠缠在琐碎的小事上，就是那些无关紧要的小事。我担心我永远无法从平庸中超脱，永远不敢去成就伟大的事业，不能发挥我的潜能。

伟大的事情其实是从那些受尊重和被关注的小事中产生的。每个人的生活都是由小事组成的。伟大是一个抽象的心理概念，也是小我最喜欢的幻想。矛盾就在于：丰功伟业的基础就是尊重每个当下的小事，而不是一心追求崇高伟大。当下时刻的事始终都是小事，因为它们都是很简单的，但是在其中却蕴涵了最大的力量。就像原子，它是最小的东西，但是却拥有极大的力量。只有当你和当下时刻一致的时候，才能够得到那股力量。这么说也许更真切：就是在那种情况下，那股力量才能接触到你，并经由你而来到这个世界。当耶稣说："不是我，乃是住在我里面的天父做的"时候，指的就是这股力量。他还说："从我自己不能成就什么。"焦虑、压力和负面心态会让你远离这个力量。然后，你和主宰宇宙的力量是分裂的这个错觉又会回来。你感觉自己又是孤单一人，永远都在为一些事情挣扎，或试图要成就某些事情。但是为什么焦虑、压力和负面心态会发生呢？因为你转离了当下时刻。为什么你会这样做呢？因为你以为别的东西更重要。你忘了你的主要目的。一个小小的错误，一个错误的认知，创造了一个受苦的世界。

经由当下时刻，你能汲取生命本身的力量，传统上那个力量就叫做"神"。只要你转离了它，神在你的生命中就不是一个实相了，然后你所剩下的就是"神"的一种心理概念，有些人相信这个概念，有些人不信。即使你说相信神，这种相信也只不过是一个差劲的替代品，替代了神在你生命中每一刻显化出来的活生生的实相。

与当下时刻完全和谐一致是否意味着所有活动的停止？任何目标的存在是否意味着，与当下时刻的和谐状态将会暂时瓦解，而当目标达成后，再与当下时刻在一个更高或更复杂的层次重新达成和谐？我可以想象一株从土壤中钻出来的小树苗，是无法和当下时刻完全和谐一致的，因为它有一个目标：它要长成一棵大树。也许一旦它成熟之后，就会与当下时刻达到和谐的状态。

小树苗什么都不需要，因为它是和整体（totality）合一的，而这个整体经由它而行动。"看看野地里的百合花是如何生长的，"耶稣说，"它们既不劳苦，也不纺线，但即使所罗门王极其荣华的时候，他身上所穿戴的，都还不如它们呢。"我们可以说：那个整体，也就是至一生命（Life），要那个小树苗成为一棵树，但是这个小树苗并不视它自己与至一生命是分离的，因此它自己什么都不需要。它与至一生命所要的是一样的，这就是它既不担忧也不焦虑的原因。而如果它早夭了，它会安详地死亡。它臣服于死亡，就像它臣服于生命一样。它可以感受到（即使有些不明就理）它是深植于本体之中，也就是那个无形的、永恒的至一生命之中。

就像中国古代道家的圣人一样，耶稣喜欢吸引我们去注意大自然，因为在大自然中，他看到一股人类已经失去联系的力量在运作，那就是宇宙的创造力。耶稣接着说，连简单的花朵，神都将它们装扮得如此美丽，那么神为你的装扮，将不止于此。也就是说，既然大自然是宇宙进化脉动的美丽彰显，当人类能够与蕴涵其中的智性一致时，就会在一个更高、更奇妙的层次把同样的脉动彰显出来。

所以，经由诚实地面对内在目的，诚实地面对生活。当你能够临在，并完全投入所做的事情当中时，你的行动就会满载灵性的力量。刚开始，在你做的事情中，可能不会产生明显的改变——只有做事的方法可能会改变。你的主要目的就是在当下时刻，让意识流进所做的事情之中。次要目的，就是你打算经由所做之事而达成的目标。在过去，"目的"这个观念始终与未来有关，而现在，更深一层的目的只能经由拒绝时间，而在当下求得。

不论你在工作场所或是任何其他场合与人相见时，请把所有的注意力放在他们身上。如此一来，你在那里就不仅仅是一个人而已，而是觉知的场域（field），一个警醒而临在的场域。一开始和某人互动的初衷，例如买卖东西、交换资讯等等，现在都变成次要的了。此时，在你们彼此之间形成的觉知场域，就成为来往互动的主要目的了。觉知空间比你们谈论的内容更重要，也比实体或思想的对象来得重要：人的存在变得比世上所有事物都重要。这并不表示你忽略在现实层面上应该做的事情，事实上，当本体的向度被体认到，而且成为最主要的目的之后，你不但比较容易施展你的作为，同时也会更有力量。这种在人们之间所升起的联合（unifying）觉知场域，就是新世界里人际关系当中最重要的因素。

成功的概念只是小我的幻相吗？我们该如何评估真正的成功呢？

这个世界会告诉你，所谓成功就是成就你原来打算做的事。这个世界告诉你，成功就是获胜，同时，赢得世人认同和繁荣富足是成功的主要成分。以上所提到的，或是其中的一部分，都只是成功的副产品，不能算是成功。传统的成功概念指的是你所做之事的结果。有人说，成功是综合了辛勤工作和运气，决心和才能，或是天时地利结合的成果。以上这些或许是成功的关键，但不是成功的精义。这个世界没告诉你的是（因为它不知道）：你不可能"成为"成功的，你只能"是"成功的。如果这个疯狂的世界告诉你，成功并非成功的当下时刻，而是另指他物时，可别听信它了。那么，成功的当下时刻又是什么呢？它指的是：你的所作所为，即使是再简单不过的事情，都要有一种品质感。品质意味着关切和关注，它们都是伴随觉知而来的。品质需要你的临在。

比如说你是个商人，经过两年的艰苦奋斗之后，终于排除万难，推出一套热卖又大赚的产品或服务。这样算成功吗？以传统的观点来说，是的。但事实上，你花了两年时间，以负面的能量污染你的身体和地球，让自己和周遭的人都同受其害，同时也影响了很多素昧平生的人。这些行为背后的无意识假设是：成功是个未来的事件，而最后的结果就是所有手段的充分理由。但是，结果和手段是一致的，如果手段不能替人类的幸福快乐做出贡献，那么结果也不会。这个结果（其实和导致结果的行为是无法分开的）已经被这些行为所污染了，同时会创造更多的不快乐。这是一个有业力的行为：在无意识中永远存在的不快乐。

如你所知，次要或是外在的目的存在于时间的向度之中，而主要目的是与当下密不可分的，因此需要让时间消失。若要将两者协调一致，就必须了解到：整个人生的旅程，最终都是由当下这一步所组成的。始终就是只有这一步，所以应该把全部的注意力都投注其上。这并不是说，你毋须知道你的方向，而是说，当下这一步才是首要的，而终点是次要的。到达终点以后所遇到的事情，取决于当下每一步的品质。换一种方式来说就是：未来为你所准备的东西，取决于你当下的意识状态。当你的作为中，充满了本体的无时间性的品质，那就是成功。如果本体不能流进你的作为之中，如果你无法临在，你会在所做的事情当中，在思想当中，在你对外在发生之事的反应当中，迷失你自己。

你所谓的"迷失你自己"，到底是什么意思？

你真实身份的本质就是意识。当意识（你）完全认同于思考，以至于忘记自身本质的时候，意识就在思想迷失了自己。当意识与心理—情绪（mental-emotional）的组成因子（如欲求和恐惧——小我的主要驱动力）认同的时候，它就在这些成因中迷失了自己。当意识与人们对于事件所产生的行动和反应认同的时候，它也会迷失自己。那时候，每个思想，每个欲望或恐惧，每个行动或反应，就会与一个错误的自我感融合，而错误的自我感无法感受本体的单纯喜悦，所以会寻求欢娱，有时甚至会寻求痛苦，以取代本体的喜悦。这就是遗忘了本体之后的生活状态。在那种遗忘自身本质的状态下，每个成功都不过是过眼错觉。无论成就了什么，很快地，你就会再度失去快乐，或是新的问题和困境又会完全地吸引你的注意力。

我该如何以了解内在目的为出发点，而找到我在外在层次中所应该做的事情呢？

外在目的因人而有极大的差异，而且不会永远持续。外在目的受制于时间，然后会被别的目的取代。而且，认真地投入内在目的（就是觉醒）之后，外在生活环境因而随之改变的程度，也是各有不同。对某些人来说，他们会突然地或是逐渐地与过去的事物分离，例如工作、生活情境、人际关系等，每件事都会发生深远的改变。有些改变可能是他们自己主导的，不是经由痛苦的决策过程，而是经由突然的领悟或认知：这是我必须要做的事。可以这么说：这个决定来的时候是已然生成的了，它来自于觉知，不是思考。有一天早上醒来，你就知道该怎么做了。有些人会自然而然地决定离开一个病态的工作环境或是生活情境。所以，在找出外在层面中什么是适合你的、什么是行得通的、什么是与觉醒意识相容的之前，或许你应该先找出哪些是不合适的、哪些已经行不通了，还有哪些已经与你的内在目的无法相容了。

　　一些外在的其他改变也可能突如其来地发生在你的身上。某个巧遇可能为你的生活带来新的契机和发展，某个由来已久的障碍或是冲突瓦解了。你的朋友可能陪伴着你一起走过这样的内在转化，或是逐渐远离你的生活。有些人际关系烟消云散，有些则更加深厚。你也许会被公司解聘，或是成为工作地点正面转变的原动力。你的爱人也许会离开你，或是你们会提升到一个新的亲密层次。有些改变表面上看似负面，但是你很快就会发现，其实你的生命正在腾出一些空间，让好的新的事物出现。

　　也许你会经过一段不安全感和不确定的时期。你会自问：我该怎么办？既然小我已经不再操控你的生活，你对外在安全感的心理需求也会减低，因为那种安全感本来就是虚幻不实的。你能够与不确定性共处，甚至乐在其中。当你可以和不确定性安然共处时，无限的可能性就在生命中展开了。它意味着：恐惧已不再是决定你该做什么事的重要因素，它也不会再阻碍你采取行动以寻求改变。罗马哲学家塔西佗（Tacitus）的观察十分正确，他说："寻求安逸的欲望阻碍了每颗伟大而高贵的进取心。"如果你无法接受不确定性，它就会转化成恐惧。如果你能完全接受，它会转变成更多的活力、警觉心和创造力。

很多年前，由于内在强烈的驱策，我放弃了世俗认为"有前途"的学术生涯，一脚踏入了完全不确定的生活。数年之后，我又从这种不确定的生活中，摇身一变成为心灵导师。又过了一段时间，类似的事情再度发生。那股驱策力再度来临，促使我放弃了英国的家，搬到北美的西岸。虽然当时我完全不知道理由，我还是顺从了那股驱策力。在我进入不确定生活中之后，《当下的力量》这本书问世了，大部分的内容是在加州和英属哥伦比亚完成的，而我在这两个地方都没有自己的家。我几乎没有任何收入，只靠积蓄维生，很快就坐吃山空了。但事实上，每件事都完美地各就其位。我在著作快完成的时候，花光了所有的钱。我买了一张乐透彩券，中了 1000 美元，又让我维持了一个月。

然而，也不是每一个人都必须经历外在环境的剧烈变化。在极端的另一头，有些人停在原地不动，继续做他们一直在做的事。对这些人来说，只有做事情的方式（how）改变，而不是所做的事情（what）改变。这不是因为恐惧或是惰性而造成的，而是他们所做的事情，本身就是一个让意识进入这个世界的完美载体，不需要别的了。这些人同样也为新世界的萌生做出了贡献。

每个人不都该是这样的吗？如果成就内在目的就是与当下时刻合一，那怎么会有人觉得必须从目前的工作或是生活的情境中离开呢？

与当下如是（what is）合一，并不表示永远不再改变，或是无法采取行动，而是采取行动的动机，是源自于一个更深的层次，不是源自于小我的贪求或恐惧。当下时刻是整体（the whole）不可分割的一部分。内在与当下时刻一致会开启你的意识，并且让意识与整体一致。而整体，也就是生命的完整性，就会经由你而展现。

你所谓的整体是什么呢？

一方面，整体包括了所有存在的事物，它就是这个世界或宇宙。但是所有存在的事物，从微生物到人类，乃至银河系，并不是全然分离的事物或实体，而是一个互联的、多向度网路的一部分。

有两个原因让我们看不见这个一体性，而且视所有事物为分离的。其一就是感知（perception），我们的感知把实相缩小为我们的感官所能接收到的事物：也就是我们看得到、听得到、闻得到、尝得到和触摸得到的事物。但是当我们只是去感知，而不去诠释或贴上心理标签，也就是说，如果我们不在感知中加上思想的话，其实还是可以在这种万物都看似分离的感知之下，感受到更深一层的联系的。

另一个造成分离幻相的更重要的原因就是强迫性思考。当我们困在不停歇的强迫性思想续流之中时，宇宙就因我们而崩解了，而我们也丧失了得以感受万事万物相连的能力。思想把现实切割成无生命的碎片，而正是这种对现实的分裂观点，导致了极端无知和毁灭性行为的发生。

然而，对于整体来说，还有一个层次比万事万物都是互联的这个层次更深。在那个更深的层次中，所有的事物都是合一的。它就是源头（source），未显化的至一生命。这个永恒的智性，显化出在时间中逐渐展开的宇宙。

所谓的整体，是由存在和本体，也就是显化的和未显化的、这个世界和神所组成的。因此，当你和整体一致之后，就成为整体与其目的互相联结当中，有意识的一部分：也就是意识进入世界的显现。结果，很多及时的帮助会自动出现，机缘巧遇、各种巧合以及许多同步性的事件（synchornicity）接踵而至。卡尔·荣格（Carl Jung）称同步性事件为"无因果关联的法则"。意思就是：发生在我们生活实相表层的种种同步性事件之间，没有什么因果关系。有一种智性在我们这个世界的表相之下运作。同步性事件就是这个智性的外在显化，也是我们心智无法理解的一个更深层的联系。但是我们可以有意识地参与那个智性的展现，那个智性就是绽放中的意识。

大自然与整体是处于一种无意识的合一状态，举例来说，这就是为什么在 2004 年的大海啸灾难中，几乎没有任何野生动物伤亡。它们与整体联系的程度比人类高,所以在人们看到或听到海啸之前就有所感应,因此,有充分的时间撤退到高地。这种观点也许也是从人类的角度来看的,因为动物们很可能就是自然而然地转移到高地,不为什么。为了某种理由而做事,是心智与现实切断联系的方式;而自然界却是无意识地与整体合一的。人类最终的目的和命运就是:借由生活在与整体有意识的合一之中,与宇宙智性有意识地协调一致,将新的向度带进这个世界。

整体能够利用人类的心智来创造事物,或是促成与其目的一致的情况吗?

是的。只要有灵感(inspiration)——原意是在灵性之中(in-spirit)以及热诚(enthusiasm)——原意是在神之中,就会得到以凡人的微薄之力无法获致的创造力。

第十章
新世界

天文学家已经找到证据,证实我们的宇宙是在 150 亿年前一次巨大的爆炸中诞生的,而从那个时候开始就一直在扩展。它不但一直在扩展,复杂性也在增加,而且更加地多样化。有些科学家也推测,宇宙从单一到多元的这种变动,终究有一天会逆转。到那时,宇宙就会停止扩展,而开始收缩,最终回归到当初未显化的状态,也就是它所源自的不可思量的空无。这种诞生、扩展、收缩和死亡的循环也许会一而再、再而三地反复重演。目的是什么呢?"宇宙究竟为什么要存在?"物理学家斯蒂芬·霍金这么问道,但是在发问的同时,他也理解,没有任何的数学模型可以提供答案。

如果你的目光不只是向外，同时也能内省的话，你会发现，你有一个内在目的，也有一个外在目的。而既然你是这个宏观世界的一个缩影，宇宙也因而有一个与你不可分割的内在和外在目的。宇宙的外在目的就是创造形相，并且体验各种形相之间的互动，可称之为游戏、梦境、戏剧，或是随便你称呼它什么。它的内在目的就是觉醒并且看见它无形无相的本质。然后外在和内在目的就协调一致了：将本质——意识——带入形相的世界，并借以转化这个世界。这个转化的最终目的是远超过人类头脑可以想象或理解的。然而，此时此刻在我们的地球，分派给我们的工作就是转化。它就是内在与外在目的协调一致，世界和神的协调一致。

在检视宇宙的扩展和收缩与我们的生活有何关联性之前，必须谨记在心的是，我们不该将关于宇宙本质的事情视为绝对的真理。概念或是数学公式都无法解释无限。任何的思想都无法容纳整体的广大无边。实相是统合了的整体，但是思想却将它分割成碎片。这就造成了一些基本的误解，例如，所有的事物和事件都是独立无关的，或是这件事导致了那件事。每个思想都隐含了一个观点，而每个观点的本质，都意味着限制，所以最终来说，思想不是真实的，至少不是绝对地真实。只有整体是真实的，但是这个整体是无法言喻或思及的。从一个超越思维限制的角度来看（人类的心智是无法理解的），所有的事情都是发生在当下。所有过去发生的，或是将要发生的，都在当下，都超越了时间的范畴，而时间只是心智所建构而成的。

我们可以拿日出和日落做比喻，来阐释相对和绝对真理。当我们说太阳在清晨升起而黄昏落下时，这是真的，但却是相对的。从绝对的观点来说，它是错误的。太阳会升起和落下，是从一个靠近地表的观察者有限的视点来看的。如果你在遥远的太空中，就会明白其实太阳既不升起也不落下，它是不断地散发着光芒。然而，即使了解了这一点，我们还是可以继续谈论日出日落，观赏它的美丽，把它画下来，为它作诗，虽然此刻我们都知道，它只是一个相对的而不是绝对的真理。

那么，我们继续说明一下另一个相对的真理：宇宙的成形和它终将回到无形的现象，其中隐含了时间的有限观点，也让我们看看它和我们的生命究竟有什么关联。"我自己的生命"这个概念，当然是思想所创造的另一个受限观点，也是另一个相对的真理。最终而言，没有所谓"你的"生命，因为你和生命不是两回事，而是一体的。

你生命的简史

这个世界的显化成形与回归至未显化状态——它的扩展和收缩——可以称之为外显（outgoing）和回归家园（return home）的两种宇宙运动（movement）。这两种运动在宇宙间以多种方式展现，例如，人体心脏不停地扩展和收缩以及吸气和呼气。这两种运动也同时呈现在睡眠和清醒的循环中。每天晚上，当你进入深沉的无梦睡眠阶段时，便不知不觉地回到未显化的生命源头，然后到了清晨，再充满活力地复出。

这两种运动的过程——外显和回归，同样反映在每个人的生命周期当中。我们可以这么说，"你"是突然之间从未知之处降临在世界上的。出生之后，接着就是扩展。不仅是肉体上的茁壮成长，还有知识、活动、拥有的事物和经验的成长。你的影响范围逐渐扩展，生命也变得愈来愈复杂。在这段期间，你主要是在寻找或是追寻外在的目的。通常在这个过程中，小我也相应地逐渐壮大，而小我就是与上述这些事物的认同，因此你对形式的身份认同愈来愈明确。同样的，这个时期你的外在目的——成长——会倾向于被小我主导，小我与自然规律不同，它不知道何时该停止扩张，总是贪婪地要求"更多"。

因此，正当你以为已经功成名就，或是已经真的属于这个世界了，回归的过程却开始了。也许是你亲近的人，在你生命中占有一席之地的人开始死亡。接下来，你的肉体形式开始衰弱，你的影响范围逐渐缩小。不但没有变得更多，你现在变得更少，而小我对此的反应是：日益增加的焦虑或是抑郁。你的世界开始收缩，而你发现已经无法再掌控你的世界了。以前是生命在顺应我们，现在变成我们在顺应生命，因为我们的世界正在逐步缩减。过去与形式认同的意识，现在已经是日暮西山了——形式逐渐地瓦解。而后有一天，你也消失了。你的扶手椅还在原处，而你已经不坐在上面了，空空如也。你回到了数年前你所来自的地方。

每个人的人生（实际上是每个生命形式）都代表了一个世界，一个宇宙经历它自己的独特方式。当你的形式瓦解时，一个世界就终结了——但仅是三千大千世界中的一个。

觉醒与回归过程

每个人生命的回归过程，也就是形式的衰落或瓦解，无论是经由年老、疾病、残障、损失还是经由某种个人的悲剧事件而呈现，总是伴随着极大的灵性觉醒的潜在机会——意识从形式认同中解离。因为当代文化中所含的灵性真理成分很少，所以很少人将其视为一个机会。因此，当这些事情发生在他们或是亲近的人的身上时，便会觉得是万万不该发生的可怕错误。

在现代文明中，对人类的真实状况是相当无知的。而对于灵性愈是无知，所受的苦就愈多。对很多人来说，尤其是西方人，死亡只不过是个抽象的概念，所以，对于肉体形式瓦解后会发生什么事，毫无概念。大部年老力衰的人都被驱逐到了养老院，而尸体则被藏匿起来，然而在某些古老的文化中，尸体是公开给众人瞻仰的。但是现在，如果想看一具尸体，基本上是违法的，除非是死者的家属。殡仪馆还会为尸体化妆，你只被允许去看被美化了的死亡。

正因为死亡对人们来说只是个抽象概念，大多数人对于一直随伺在侧的形相瓦解毫无准备。当死亡逼近时，常见的反应是惊讶、不解、绝望以及巨大的恐惧。所有的事情都不具意义了，因为在此之前，生命所赋予的一切意义和目的，都是与积累、成功、建构、保护和感官满足息息相关。生命是与外显过程以及形式认同相关的，也就是说，与小我相关。当生命和世界烟消云散的时候，大部分的人都无法再从其中构思出任何意义了。但是，此时其中却潜藏着比外显过程更加深层的意义。

正是由于开始遭逢年老、损失或是个人的不幸事件，传统上灵性的向度就是在此时进入了人们的生命之中。也就是说，只有当外在目的崩溃瓦解时，内在目的才会浮现，而小我的盔甲才会裂开。这类事件，代表着回归运动走向形式瓦解的开端。在很多古老的文化中，对这种过程必定有着直觉式的了解，所以老人备受尊敬和推崇。老人被视为智慧的宝库，而且提供了更深的向度，失去了这个更深层的向度，没有一个文明可以长久存活。在现代文明中，对于外相完全地认同，而无视于灵性的内在向度，因此，"老"这个字就有很多负面的含义，它等同于"无用"。所以当你说某人"老"的时候，几乎是一种侮辱。为了避免使用这个字，我们用其他委婉的说法，例如年长或是资深。加拿大原住民中的"祖母"（First Nation's，"grandmother"）是极为尊贵的形象。今天我们说："老奶奶"最多只有可亲的意思。为什么老了就被视为无用？因为年纪大了之后，重心就从"作为"（doing）转向了"本体"（being），而我们的文明已经迷失在作为当中，完全不知道本体是什么。它只会问：本体？你能拿它来做什么？

对某些人来说，成长和扩展的外显过程，被一个看似太早发生的回归过程（外相的瓦解）严重地中断了。有些人的中断情形是暂时性的，有些则是永久性的。我们一直认为小孩是不应该面对死亡，但事实上有些孩子却必须面临父母亲的死亡——疾病或是意外——甚至可能是自己的死亡。有些孩子天生残疾，严重限制了生命自然的扩展。有的则是在相当年幼的阶段，生命就招致严重的限制和打击。

在"不该发生的"时候而出现的外显过程的中断，也可能会促使某些人灵修觉醒的提早来临。最终而言，每一件发生的事都是该发生的，也就是说，所有事情的发生都是一个更伟大的整体与其目的中的一部分。因此，外在目的被破坏或中断，常会引导你找到内在目的，致使一个与内在目的一致且更深层的外在目的得以浮现。通常童年时期极端受苦的人，长大成人后会比同年龄的人更加成熟。

因此，在形相层面所损失的，会在本质的层面得到弥补。在古老文化与传奇中的一些人物，例如"盲眼的预言家"或"受伤的疗愈者"，他们在形相层面遭受的极大损失或伤残，反而变成了进入灵性的大门。当你能够直接体验各种形相不稳定的本质时，可能就永远不会再给予形相过度的评价，也不会再盲目地追求它或是攀附它，以至迷失了自己。

形相瓦解（尤其是年老力衰）所代表的机会，在当代文化中才刚开始为人所认知。大多数人都还是悲惨地错失了这个机会，因为小我会认同于这个回归的过程，就像它认同于外显的过程一样。这使得小我的盔甲更加坚硬，过程变成了收缩而不是开放。缩减的小我会因此将其余生用在哭诉或抱怨上，困在恐惧、愤怒、自怜、罪疚、责怪或其他负面的心理情绪状态中，或是采取回避的策略，例如，沉浸于回忆中，或是一直回想、谈论过去。

当小我不再与人生的回归过程认同时，年老或是临近死亡就会变回它们原来的面目：进入灵性领域的入口。我曾经见过一些老人，他们就是这个过程活生生的体现。他们变得光芒四射，衰弱的外相因着意识之光而变得清晰透亮。

在新世界中，年老将被尊崇并公认为意识绽放的时期。对那些仍然迷失在生命外在情境中的人来说，当他们被唤醒内在目的时候，将会是个迟来的回归。对其他很多人来说，年华老去将代表着觉醒过程的增强和最高峰。

觉醒和外显过程

一个人一生随着外显过程而自然扩展，这个过程传统上一直是被小我所主导，而且被利用来扩张小我本身。"你看！我可以做这个，我猜你一定做不了！"当小孩子发现自己身体逐渐增加的力量和能力时，很自然地会对其他的孩子炫耀。这是小我最先试图玩的把戏之一，经由对外显过程的认同强化自己，并且用"比你多"的概念来贬低他人以壮大自己。当然，这只是小我众多谬论的开端而已。

然而，当觉知增加，且生活不再受小我掌控时，就不必等到你的世界因年老或个人悲剧而缩减崩溃，才能觉醒并看到自己的内在目的。

随着新意识开始在地球上萌生，愈来愈多的人不必再经过天摇地动才能觉醒。他们自动自发地拥抱觉醒的过程，即使自己还是身陷于成长、扩张的外显循环之中。当这个循环不再为小我所掌控时，灵性的向度将经由外显过程而来到这个世界——以思想、言语、行动、创造，就如同经由回归过程一样地有力——有着定静、本体以及形相瓦解的特质。

直到现在，在宇宙智性中只占极小部分的人类智力，一直都被小我扭曲和误用。我称之为"服侍疯狂的智力"。把原子分开固然需要极大的智力，但运用这个智力来建造、囤积原子弹就是疯狂的，或说得好听些就是极端无智力的。愚蠢相对来说较无破坏力，但是有智力的愚蠢是相当危险的。对于这种有智力的愚蠢，我们可以找到数不尽的例子，而它正在威胁人类物种的生存。

若无小我功能失调的破坏，人类的智力可与外显之宇宙智性循环及其创造脉动完全协调一致。我们可以有意识地参与形相创造的过程。我们不是创造者，但宇宙智性经由我们而创造。我们不会与自己所创造的事物认同，因此，也不会在我们的作为中迷失。我们领悟到，创造的行为需要高强度的能量，但那不是指辛苦工作或是承受压力。我们必须了解压力与强度（intensity）的差别，接下来将会讨论到。挣扎或是压力就是小我重回掌控的迹象，遇到阻碍就产生负面的反应，也是小我的反弹。

小我欲望背后的那股力量会创造"敌人"，也就是说，会创造反弹，它的形式就是一股强度相当的力道。小我愈强，人们之间的分离感就愈重。唯一不会引发反弹力量的，就是完全以利他为目标的行为。是兼容并蓄的，而非排外；融合万物，而非制造分离。不是为"我的"国家，而是为了全人类；不是为"我的"宗教，而是为了全人类意识的萌生；不是为"我的"种族，而是为了有情众生和大自然中的万物。

我们也了解到，行动，虽然有时是必要的，但它只是显化我们外在实相的次要因素。在创造过程中，最重要的因素就是意识。无论我们如何的活跃，费了多少工夫，外在世界还是由我们的意识状态创造的，而且如果内在层面没有改变的话，再多的行动也不会造成任何不同。我们只是不断地重复制造同一个世界的改良版本——一个反映小我的外在世界。

意识

意识是已经有所觉知的，它是未显化的，永恒的。然而，宇宙只是逐渐地形成觉知。意识本身是无时间性的，因此不会进化，它从未诞生，也不会灭亡。当意识成为显化了的宇宙时，看起来就好像受制于时间，而且还会历经进化的过程。人类的心智无法完全理解这个过程的缘由，但是我们可以从自己的内在窥其堂奥，并且在过程中成为有意识的参与者。

意识就是智性，也就是在外相形成背后的组织法则。意识用了好几百万年的时间筹组形相，以便经由显化出的形相表达它本身。

虽然纯粹意识的未显化领域可以被视为另一个向度，但它与形相的向度并不是分开的。形相和无相是互相融会贯通的。未显化状态以觉知、内在空间和临在的形式流入形相的向度。它是怎么做的呢？它是经由已有意识的人类形相，圆满成就了它的目的。人类的形相就是为了这个更高的目的而创造的，而其他几百万种形相则为此奠定良好的基础。

意识化身体现（incarnate）进入已显化的向度，也就是说，变成了形相。当它这么做的时候，它进入了一个梦境般的状态。智性仍然存在，但是意识无法觉知到它自己了。它在形相中迷失了自己，进而与形相认同。这也可以描述为神性被贬为物性。在宇宙进化的阶段，整个外显过程就在梦境般的状态中发生。只有在个人形相瓦解时（也就是死亡来临的时候），才能一瞥到觉醒。然后，它又转世重生，再次认同于形相，又开始了下一回合的个人梦境，这个梦境也是集体梦境的一部分。当一只狮子把斑马的身体撕裂的时候，那个在斑马形相化身体现的意识，就从那个被瓦解的形相中抽离，在短暂的片刻间，觉醒到它不朽的本质——就是意识；然后立刻又重入梦乡，而化身体现为另外一种形相。当那只狮子年迈、不能再猎食了，它咽下最后一口气，同样地会有极短片刻的觉醒，然后又继续进入另一个形相之梦中。

在地球上，人类的小我代表着宇宙之眠的最后一个阶段，意识与形相的认同。在意识的进化中，这是必要的一个阶段。

人脑是一个非常与众不同的物质形式，经由它，意识可以来到这个向度中。它有大约1000亿个神经细胞（称为神经元），这个数字和我们银河系中的星星一样多，而银河系可被视为一个宏观的人脑。头脑并不会产生意识，但是意识创造了头脑，作为意识的一种表达。人脑是地球上最复杂的一种物质形式。当头脑损伤时，并不意味你会丧失意识，只是意识无法再利用那个物质形式进入到这个向度来。你无法丧失意识，因为它的本质就是你的本来面目。你只能丧失你所拥有的东西，但是无法丧失你"是"的东西。

觉醒的作为

觉醒的作为是我们地球上意识进化下一阶段的外在面向。我们愈接近此刻进化阶段的终点，小我就会愈加功能失调，就像一个毛毛虫要转化为蝴蝶之前，会功能失调一样。但是，随着旧意识的瓦解，新意识已经在扬升了。

我们现在面临的是人类意识进化的重大事件，但是今晚的电视新闻不会报道这些。在我们的地球上——也许在银河系或更远之处很多地方都在同步发生——意识正从形相之梦中逐渐苏醒。这并不是说所有的形相（这个世界）都即将瓦解，虽然有些形相的确是会瓦解的。它意味着意识现在可以开始去创造形相，但不会在其中迷失自己。即使当它创造和经历形相的时候，也能对自己保持觉知。为什么它要一直创造和经历形相呢？为了享受这个过程。那么意识是如何做到这些的呢？经由那些觉醒的人类，因为他们已经领悟到了觉醒作为的意义。

觉醒作为就是将你的外在目的——你的作为——和你的内在目的——觉醒和保持觉醒，协调一致。经由觉醒作为，你与宇宙的外显目的合而为一。意识经由你而流入了这个世界。它流入你的思想并且赋予它们灵感。它也流入你的作为并且引导它们，同时赋予力量。

不是看你做什么，而是看你如何做，才能决定你是否完成了你的使命。而你如何做，则取决于你的意识状态。

当你做事的主要目的变成了你的作为本身，或是说，你的主要目的变成流入你作为之中的意识流，那么你做事的优先顺序就会有所变更。意识流决定了品质。另外一种说法是：在任何情况下，无论你所做的是什么，你的意识状态是最主要的因素；当时的状况和你的作为是次要的。行动是由意识衍生出来的，而"未来"的成功取决于意识，不但如此，两者也是不可分割的。行动本身，不是小我反弹的力道，就是觉醒意识的警觉专注。所有真正成功的行动都是来自于警觉专注的领域，而不是从小我以及被制约的、无意识的思考来的。

觉醒作为的三种形式

意识流入你作为的方式有三种，如此一来，意识也经由你而进入这个世界，借由这三种方式，你可以将你的生命与宇宙的创造力协调一致。这三种形式是指三种在背景运行的能量频率，它们会流入你的作为之中，并且将你的行动与这个世界正在萌生的觉醒意识联结。除非你的作为是从这三种形式之中的一种衍生出来的，否则它就是功能失调或是出自小我。这三种形式也许在一天内因为不同的状况而有所改变，但是它们其中的一个应该会在你生命中的某个阶段担任主导的角色。每种形式适用于某些特定的状况。

觉醒作为的形式包括：接纳，享受和热诚。每一种代表了意识的一种振动频率。当你在做任何事情的时候，必须非常的警醒，好确认它们三个之中有一个是在运行的。你做的事无论难易，都应如此。如果你不是在接纳、享受或是热诚其中一种状态的话，仔细地去看，你就会发现，你在为自己和他人创造痛苦。

接纳

当你无法享受你做的事的时候，至少你可以接纳它，了解这是你必须要做的事。接纳的意思是：此刻，这就是当前状况和这个时刻需要我去做的，所以我心甘情愿地去做它。我们前面曾经谈论了很多，有关对当下发生之事要从内在接纳的重要性，而接纳此刻你必须要去做的事情，只是它的另一个面向而已。比如说，你也许无法享受在倾盆大雨中荒郊野外的夜晚，帮你的车换轮胎，更别说对它有什么热诚了，但是你可以接纳它。在接纳的状态下行动，也就意味着你是在平和之中行动。那个平和就是一个微妙的能量振动，它会流入你的所作所为之中。表面上看来，接纳好像是一个被动的状态，但是实际上它是非常积极而又有创造力的，因为它把一些全新的事物带到了这个世界上。那个平和，那个微妙的能量振动，就是意识，而意识进入这个世界的方法之一，就是经由臣服的过程，而其中的一个面向就是接纳。

如果你既不享受又无法把接纳带入你的作为之中的话，就停止吧！要不然，你就不是在为你唯一能负责的事负责，这件事也是最为重要的事，那就是：你的意识状态。如果你不为你的意识状态负责的话，你就不是在为生命负责。

享受

当你能够真正地享受你的作为时，随着臣服行为而来的平和，就会转变成充满活力的感受。享受是觉醒作为的第二种形式。在新世界中，享受将会取代欲求（wanting）而成为人们行为之后的动力。欲求是从小我的幻相中升起的，这个幻相就是：你是一个分裂的碎片，与所有创造之后的力量是分离的。经由享受，你会与宇宙的创造力量本身接轨。

当你把当下时刻，而不是过去或未来，视为你生命中的焦点时，你享受自己作为的能力——随之而来的是你生活的品质——会戏剧化地增加。喜悦是本体的动态面向，当宇宙的创造力能够觉知到它自己时，它就显化成为喜悦。你不必等待什么"有意义"的事进入你的生命中，你才终于能享受你的作为。在喜悦中，就有超过你所需要的意义在其中。"等待开始生活"的综合征（syndrome），就是无意识状态中最常见的幻相。如果你已经能够享受现在正在做的事情，而不是等待某些改变发生，你才能开始享受你的作为，那么外在层面的扩展和正面的改变，会更有可能发生在你的生活中。不要让你的心智来定夺你是否可以享受你所做的事情。心智只会给你一堆你为什么不能享受它的理由。"还不行啦！"心智会说。"你没看我正忙吗？现在没有时间啦。也许明天你可以开始享受……"那个明天永远不会到来，除非你能够现在就开始享受你所做的事情。

当你说，我享受做这事或那事，其实这是一个误解。这样说看起来好像喜悦是来自于你做的事，但实际上却不是这样。喜悦不是来自于你做的事，它是从你内在的深处流入你所做的事，继而流入这个世界之中。喜悦是来自你的作为的这种误解是很常见的，而且它也相当危险，因为它创造了一个信念：喜悦是从其他事物当中衍生出来的，如一项活动或是一件事物。然后你就仰赖这个世界为你带来喜悦和欢乐。但是这个世界做不到。这就是为什么很多人长期生活在挫折当中。这个世界无法提供他们认为自己需要的东西。

那么，你做的事和喜悦的状态之间又有什么关系呢？当你能全然地临在于你所做的事，不把它当成仅仅是达到目的之手段，那么你就能享受你从事的所有活动。你真正享受的不是你所从事的活动，而是流入它之中的那个活生生的深层感受。那个活力是与你的本质合一的。就是说，当你享受你的作为时，你实际上是在经验本体在它动态面向的喜悦。这就是为什么你所享受的每件事，都会把你与所有创造之后的力量联结起来。

这里有一个可以在你的生活中，赋予你力量和创造性开展（creative expansion）的灵性修持。把你每天固定要做的例行公事列出来，包括那些你也许觉得很无趣、沉闷、琐碎、烦人或令人紧张的活动。但是不要列出你怨恨或是厌恶做的事。因为在那种情况下，你可以选择接纳或是停止做它。这份清单可能包括每天上下班，采购，洗衣服，或是其他你觉得琐碎或是令你紧张的事情。然后，每当你在做这些事情的时候，把它们当作警觉的媒介。但是要绝对地临在于你做的事，并且感受内在做这些事情背后的警觉，还有活生生的定静。你很快会发觉，在这种已提升的觉知中所做的事，不但不会有压力、琐碎或是烦人，反而会变得很享受。更准确地说，你现在享受的不是那个外显的行为，而是流入那个行为之中的内在向度的意识。你就在所做的事情当中找到了本体的喜悦。如果你觉得你的生活缺少使命感，或是压力太大、太繁琐，这是因为你还没有把那个向度带入你的生活之中。在你所做的事情当中保持意识还未能成为你的主要目标。

当愈来愈多的人发现他们生命的主要目的就是把意识之光带进这个世界，因而让他们的作为成为意识的媒介，那么新世界就会出现了。

本体的喜悦就是有觉知的喜悦

觉醒的意识接下来就会从小我那里接手过来，然后开始主导你的生活，你就会发觉长期以来一直在从事的活动，在意识赋予力量的情况下，现在自然地开始扩展到更大的规模。

经由创造性的行动，有些人只是单纯地从事他们喜欢的事情，并不想因此而功成名就，但反而丰富了很多其他人的生命。他们可能是音乐家、艺术家、作家、科学家、老师、建造者，或是他们显化了新的社会或企业的结构（开悟的企业）。有时在几年之间，他们的影响范围还是很小；然后突然之间或是逐渐地，创造性力量之波流入他们的作为，他们的作为扩展到他们自己都无法想象的地步，因而触动了无数其他的人。在享受之外，他们的作为还被注入了一股强度，因而带来了常人所不能及的创造力。

但是别让它跑进你的头脑里，因为在头脑里可能还藏有一部分苟延残喘的小我。你毕竟还是一个普通人。卓越不凡的是经由你而来到这个世界上的东西。但是你和其他所有众生都享有这样的本质。14世纪伊朗诗人和苏菲派大师哈菲兹就完美地表达了这个真理："我是笛子上基督气息流过的气孔。倾听这音乐。"

热诚

对于那些谨守觉醒的内在目的的人来说，创造性的显化还有另外一种方式。有一天他们突然就知道了他们的外在目的为何。他们有远大的愿景，目标，而从那天起，他们就开始向实现目标而努力迈进。他们的目标或愿景通常与他们正在做的，或是喜欢做的事情有一定的关联，但规模要宏大得多。这就是觉醒作为的第三种形式的开始：热诚。

热诚意味着你的作为当中，有很深的享受，再加上一个你努力迈向的目标或愿景。当你在享受你的作为的同时，加上一个目标，你所做的事情的能量场或是振动频率就改变了。现在，在享受中，加入了某种程度我们称之为结构性强度的东西，所以它转变成为热诚。在创造性活动的高峰，如果再添加上热诚，你的所作所为背后就会有巨大的强度和能量。你会感觉自己像一支箭正在射向红心，而且你还很享受这个过程。

对一个旁观者来说，你可能看起来是有压力的，但是热诚的强度与压力是丝毫无关的。你会有压力，是因为你想要达到目标的欲望，胜过你对正在做的事情的兴趣。一旦失去了享受和结构性张力之间的平衡，后者就占了上风。有压力，通常是小我已经卷土重来的表征，而你也切断了自己和宇宙创造力之间的联系。因此，小我欲求的力道和紧张就升起，你就必须挣扎而且辛苦工作才能完成任务。在压力的影响下，你所做之事的品质和效率就会降低。压力和负面情绪之间也有很强的关联，负面情绪指的是像焦虑和愤怒。压力会毒害身体，而且现在已经被认为是退化性疾病（如癌症和心脏病）的元凶之一。

与压力不同的是，热诚有一个高能量的频率，因此和宇宙的创造力会相互呼应。这就是为什么爱默生说："所有伟大的成就都有热诚的贯注。"热诚（enthusiasm）是从古希腊文来的——en 和 theos，意思是神。而相关的词 enthousiazein，意思是"受神灵的启示"。有了热诚你会发现，你不必完全靠自己来做事。事实上，靠自己的话，你是什么重要的事也做不了的。经久不衰的热诚会带来创造性能量的狂潮，而你要做的只是"顺流而行"。

热诚也会为你所做的事带来巨大的力量，所以那些尚未能汲取那股力量的人，会以敬畏的心情仰慕"你的"成就，而且可能还会把你的成就当成你的身份（who you are）。然而，你是明白耶稣所指的那个真理的——"在我凡事不能"。小我的欲求会产生与它力道相同的反弹力量，热诚却永远不会有反弹。它是凛然而不可侵犯的。它的运作不会产生胜利者和失败者。它是基于兼容并蓄，并不是排除异己。它不需要利用或是操控人们，因为它就是创造力的本身，所以不需要从其他二手来源吸取能量。小我的欲求总是试图从他人或他物之中攫取；而热诚却是从它本身的丰盛中给予。当热诚遭遇的阻碍以不利情势或不合作的对象的方式出现时，它从不以行动攻击而是采取迂回的策略，或是借由顺应或接纳而把反弹的能量转化为有助益的能量，化敌为友。

热诚和小我无法共存。有热诚就不会有小我，反之亦然。热诚知道自己的去处，但与此同时，它与当下时刻深刻地合一。当下时刻是它活力、喜悦和力量的泉源。热诚不欲求任何事情，因为它无所欠缺。它与生命合一，所以无论热诚引发的活动有多么地活泼有力，你都不会在它们之中迷失自己。就像在车轮转动的中心，始终会有一个定静但又活力四射的空间。这个在所有动静之中的核心空间，既为万有之泉源，又不为万有所动。

经由热诚，你可以进入和宇宙外显创造法则完全一致的状态，但是不会与它的创造认同，也就是说，没有小我。没有认同，就没有执著——而执著是所有痛苦的源头。一旦创造能量的浪潮过了，结构性张力会再度消逝，而你的作为当中还是有喜悦存留。没有人可以一直生活在热诚中。也许过一阵子，一股新的创造能量的浪潮会再度来临而重新引发热诚。

当瓦解形相的回归过程开始的时候，你就不再需要热诚了。热诚是属于生命的外显循环，唯有经由臣服，你才能与回归过程——就是回家的路程——和谐一致。

总括来说：享受你在做的事，并且与一个你迈向的目标或愿景结合，就是热诚。即使你有一个目标，你此刻正在做的事情必须还是注意之焦点所在；要不然，你会与宇宙的目的不一致。要确认你的目标或愿景不是一个自我膨胀的形象，否则它就是来自于隐藏的小我。像是：想要成为电影明星，出名的作家，或是富有的企业家。同时要确认你的目标不是拥有什么，比如海边别墅，你自己的公司，千万美元的存款。提升自己的形象，或是让自己拥有各种事物，这样的愿景是属于静态的目标，因此无法赋予你力量。确定你的目标是动态的，也就是说，它指向一个你正在从事的活动，而经由这个活动，你与其他的人以及整体宇宙都是相连的。不要视自己为著名的演员、作家等等，而是看到你的工作能够激励无数的人，同时丰富他们的生命。感受到你从事的活动是如何丰富或加深了你自己的生命，也丰富或加深了无数其他人的生命。感觉自己是个能量流过的敞开管道，让能量从未显化的万有源头流向众生，也因而经由你而利益众生。

这意味着你的目标或愿景在你之内——在心智和感觉的层面，已经是实相了。热诚是能够转化心智蓝图进入物质向度的力量。这是对心智有创造性的利用，所以在其中不需要有欲求。你无法显化出你想要的，你只能显化出你所拥有的。经由辛苦工作和压力，你可能得到你想要的东西，但这不是新世界的法则。耶稣教导我们，如何有创造性地利用心智以及有意识地去显化形相。他说，"凡你们祷告祈求的，无论是什么，只要信，就已经得到了。"

频率的持有者（the frequency-holders）

外显进入形相的过程，在每个人的身上，表达的强烈程度有所不同。有些人觉得有强烈的冲动想要建造、创造、参与，达成某些使命，或是对这个世界造成影响。如果他们是处在无意识状态的话，他们的小我当然就会掌控大局，进而将外显循环中的能量为它所用。然而，这样会大量减少他们所能接受到的创造性能量，所以他们逐渐地需要仰赖"努力"来得偿所愿。如果能够处在有意识的状态中，而外显过程在他们身上又相当强烈的话，这些人就会变得极度有创造力。其他的人，随着长大成人而自然扩展到一个阶段之后，会过着外在看起来毫不起眼，似乎较为被动，而且相对来说比较平淡的生活。

他们天生就较为内向，在他们身上，进入形相的外显过程毫不显著。他们比较喜欢回家，不喜欢外出。对于改变世界或积极参与这个世界的活动也兴趣缺缺。如果要说有什么野心的话，最多不过是找些事情来做好让他们有一定的自由度。他们中间有些人觉得与这个世界格格不入。有些人比较幸运，可以找到一个避风的港湾，让他们过着相对来说是被保护、隔离的生活，而且还会有固定收入或是自己做点小生意。有些人可能还会向往到灵修社区或是修道院生活。有些人可能被放逐到社会的边缘，而这个社会和他们之间本来就没有什么相同之处。有些人求助于毒品，因为生活在这样的世界中太痛苦。有些人最终转化成了疗愈者或是灵性老师，也就是说，本体的老师。

在过去的年代，这些人可能会被称为"爱沉思冥想的人"。看起来，在我们的现代文明中，并没有他们的一席之地，然而在新世界的扬升中，他们的角色就和那些创造者、作为者（doers）和改革者一样重要。他们的功能是稳住新意识在地球上的频率。我称他们为"频率的持有者"，经由每日生活的例行活动，经由与他人的互动，同时经由他们的"存在"（just being），这些人能够帮助产生新的意识。

以这种方式，他们把极为深奥的意义赋予看起来毫不重要的事。他们的工作就是，不管做什么，都保持绝对的临在，因而把空无和宁静带入这个世界之中。他们做任何事都有意识临在，所以即使在最简单的事物中，都可以看到品质。他们的目的就是以神圣的态度去做每一件事情。由于每个人都是人类集体意识的一部分，他们对这个世界的影响，远超过他们表面生活所表现出来的。

新世界不是乌托邦

新世界的概念只不过是另一个乌托邦的愿景吗？当然不是。所有乌托邦的愿景都有一个共同点：心智对一个未来时间点的投射，当那个时间点来临时，一切都会变得很美好，我们将会被拯救，我们的问题会终结，只有平安和谐存在。这种乌托邦式的愿景已经有很多了。有些在失望中结束，有些以惨剧收场。

在所有乌托邦愿景的核心，都有一个旧意识、主要结构上的功能失调：期望在未来得到救赎。未来实际是在你的心智中，以一个念相的方式存在的，所以当你期望在未来得到救赎，你就是无意识地在心智中寻求救赎。你又被形式困住了，那就是小我。

"我又看见一个新天新地。"《圣经》预言者这样写道。一个新世界的基础是新天堂——觉醒的意识。这个世界——外在的实相——只是新天堂外在的反映。新天堂扬升的同时，也隐含了新世界的扬升，而这两者都不是让我们可以得到解脱的未来事件。我们无法在未来得到解脱，因为可以解脱我们的只有当下时刻。那份领悟就是觉醒。觉醒如果被视为是一个未来事件，就毫无意义，因为它就是对当下临在的领悟。所以新天堂，就是觉醒的意识，不是一个在未来可以达到的状态。一个新天堂和新世界此刻正在你之内扬升，而如果此刻它们没有扬升的话，它们不过就是你头脑里的一个思想，因此完全没有升起。耶稣是怎么告诉他的门徒的？"天国就在你们中间。"

在登山宝训中，耶稣曾经做了一个少有人懂的预言。他说："温柔的人有福了，因为他们必承受地土。"在《圣经》的现代版中，"meek"（温柔的）被翻译成谦卑。谁是温柔的或是谦卑的人呢？他们必承受地土又是什么意思？

温柔的人就是无小我的人。他们就是那些已经觉醒，而看到自己实质本性（就是意识）的人，同时在其他人身上，包括所有的生命形式上，也都能看到那个本质。他们生活在臣服的状态，所以时时感受自己与整体和源头是合一的。他们具体表达了那个在地球上改变所有生命层面的觉醒意识，所谓生命的不同层面包括大自然，因为在地球上的生命和观照它们、与它们互动的人类意识是息息相关、不可分割的。这就是温柔的人会承受地土的意思。

一个新的生命正在地球上扬升。它此刻就在扬升。而你就是它！

译者的话

这是我翻译的第一本书，而本书的难度又特别高，所以，对我来说真是一个挑战。还好有几位朋友相助，帮我校正译稿，为本书增色不少：Tracy, Christina, Annie, 还有 Allen。其中最感谢的是 Allen, 他在一个忙碌的全职工作之余，不计名利，特别抽空为我校稿，我从他专业的翻译能力中，也学到了不少技巧。而 Tracy（彭芷雯）则是最勇敢，也是最坚持的。校译是一件吃力不讨好的工作，她能够没打退堂鼓，坚持到底，真是不容易。

本书如果在翻译上还有未尽人意之处，那是本人的疏忽，欢迎各界朋友不吝赐教。为了让大家能够更加理解原书的本意，我在此列举出一些翻译时我斟酌再三而定的翻译方式,可能在别的书中翻译会不一样,所以把原文也列出来供大家参考。

presence:临在,英文的意思就是"在",指的是在当下时刻的清楚觉知,全神贯注。

ego:小我,很多书翻成自我,但是因为书中很多次也提到 self(自我),所以我翻成小我以示区别。ego 也常常被翻成"我执"。

I am:本我,或是"我本是"。英文直译就是"我是"。

form:外在形相,指的是有形有相的世界,有时我翻成外相。而 life form 我翻成生命形式。

being:有些书翻成存在,但是为了和 existence 区别,我翻成本体。

dimension:向度,有些书翻成次元。我个人比较喜欢向度的说法。

who you are:直译就是你是谁,但是我配合书中的上下文翻成:你的本来面目,你的本质、真实身份等。

mind:心智,有的书翻成头脑或大脑,我自己比较喜欢心智这个词。unobserved mind 是未受到观测的心智,指的是无意识的、没有觉知的状况下的心智。

thought:这个词在书中反复出现数次,基本上我是翻成思想,但有的时候会随上下文翻成念头、思维、思考、想法等。

pain body:痛苦之身,有些人翻成痛苦体。

perception:认知,洞察,就是当我们看到一件东西或是听闻一件事情的当下,所产生的第一印象或感受,接下来我们通常就会为这些事情贴上一个心智的标签（label），也就是说，以名词或形容词来为这个事物命名。

reality：实相，指的是真相，我们眼中的这个世界。

conditioned：我翻译成被制约的，就是我们从小生长的环境、教育、父母的管教和灌输在我们头脑里的观念等等，会像一个无形的绳索套住我们，使我们对事物形成一定的观点。

德芬

2008 年 4 月